新大话信息通信丛书

大话网络安全

李 劲◎编著

人民邮电出版社

北 京

图书在版编目（CIP）数据

大话网络安全 / 李劲编著. -- 北京 ：人民邮电出
版社，2024.2（2024.6重印）
（新大话信息通信丛书）
ISBN 978-7-115-62518-2

Ⅰ. ①大… Ⅱ. ①李… Ⅲ. ①网络安全 Ⅳ.
①TP393.08

中国国家版本馆CIP数据核字（2023）第159787号

内 容 提 要

　　本书首先通过现实案例说明网络安全意识的重要性；然后讲述网络安全三大"基石"——密码技术、身份鉴别和访问控制；再根据我国网络安全相关技术标准体系，对网络安全技术体系涉及的物理安全、网络通信安全、区域边界安全、计算环境安全及安全运营中心 5 个方面进行描述，并辅以相关案例、安全产品介绍；最后结合近年来信息技术的发展情况，分别阐述云计算安全、移动互联网安全、物联网安全和工业控制系统安全的发展。

　　本书可作为网络安全领域技术人员、管理人员的参考书，也可为非网络安全专业人士提供一些有关网络安全的科普知识。

◆ 编　　著　李　劲
　　责任编辑　王海月
　　责任印制　马振武
◆ 人民邮电出版社出版发行　　北京市丰台区成寿寺路 11 号
　　邮编　100164　　电子邮件　315@ptpress.com.cn
　　网址　https://www.ptpress.com.cn
　　北京七彩京通数码快印有限公司印刷
◆ 开本：800×1000　1/16
　　印张：14　　　　　　　　2024 年 2 月第 1 版
　　字数：236 千字　　　　　2024 年 6 月北京第 2 次印刷

定价：79.80 元
读者服务热线：(010)53913866　印装质量热线：(010)81055316
反盗版热线：(010)81055315
广告经营许可证：京东市监广登字 20170147 号

前　言

知乎上曾经有一个人气很高的提问：黑客为什么不攻击淘宝？

"正确的提问应该是，黑客哪天没攻击淘宝？"阿里安全首席架构师钱磊这样说。

事实上，拥有8亿多国内活跃用户和上千万商家的淘宝，每时每刻都在遭受着攻击，因为这些攻击都被拦截了，所以才未被人感知。以2019年"双十一"这天为例，2684亿元交易额的背后，黑客对淘宝进行了22亿次攻击。网络安全的重要性不言而喻。

1994年4月，我国正式全功能接入国际互联网，经过20多年的发展，各行各业都在大力推进信息化、数字化，传统产业与互联网融合，传统行业与互联网交织，电子政务、电子商务、大数据、云计算、移动支付等快速发展。但互联网是一把双刃剑，它在提供快捷服务的同时，在网络安全领域的潜在威胁也日益增加，小到网络电信诈骗，大到病毒或木马攻击，网络的开放性和共享性使它非常容易遭受外界的攻击与破坏，网络的各种入侵行为接踵而至，信息的保密性受到严重影响，网络安全问题已经成为世界各国政府、企业及广大网络用户最关心的问题之一。

"没有网络安全就没有国家安全，就没有经济社会的稳定运行，广大人民群众利益也难以得到保障。"国家领导人高瞻远瞩的话语，为推动我国网络安全体系的建立、树立正确的网络安全观指明了方向。如今，以5G基站建设、人工智能、工业互联网、大数据中心等为代表的一系列新型基础设施逐渐成为创新热点，网络安全产业成为保障"新基建"安全的重要基石，随着"新基建"在各个领域的深入开展，网络安全企业的发展将面临新的机遇。

网络安全涉及网络技术、通信技术、密码技术、信息安全技术等多种综合性技术。而随着新技术、新理念和新产品的不断涌现，面对网络安全问题，即使是网络安全专业毕业的科班人员都难以应付，作为普通人更是无所适从。网络安全问题也关系着我们的切身利益，本书将通过通俗易懂的语言和数十个故事来帮助大家了解什么是网络安全、如何增强网络安全意识。在帮助从业人员建立网络安全的基础和知识结构的同时，也为非行业人士提供一些有关网络安全的科普知识。

由于本书内容繁多，作者水平有限，难免有所疏漏，请广大读者批评指正。

作者

前　言

目 录

Chapter 1
第 1 章
概述

公元前 1193 年，在古希腊传说中，欧洲大陆特洛伊国王普里阿摩斯和他俊美的二王子帕里斯到访古希腊，斯巴达王墨涅拉俄斯亲自接见了普里阿摩斯一行，并在王宫举办了大型宴会盛情地款待他们。然而，宴会上帕里斯却对墨涅拉俄斯美貌的妻子海伦一见钟情，并将她带出宫私奔。这下惹恼了墨涅拉俄斯，他决定联合他的兄弟迈锡尼国王阿伽门农兴兵讨伐特洛伊。

战争进行得异常艰难，由于特洛伊城池牢固易守难攻，古希腊联军和特洛伊勇士们的对峙长达 10 年之久，还是没有决出胜负。这时候古希腊英雄奥德修斯站出来献上妙计，他让古希腊全部官兵登上战船，制造撤兵的假象，并故意在特洛伊城门前留下一匹巨大的木马。

特洛伊人看到古希腊军队全部撤离，他们出城兴高采烈地把那个木马当作战利品抬了回去。但是古希腊人把木马造得巨大，无法拉进城内，特洛伊人只好把城墙拆开一段，木马才得以拉进城。特洛伊人当晚主办了盛大的酒会庆祝取得战争的胜利，正当他们沉湎于美酒和歌舞而放松警惕的时候，藏在木马腹内的 20 名古希腊士兵突然杀出，打开城门，这时候先前假装撤退的古希腊军队也杀了个回马枪，通过城门和拆掉的城墙冲入城内，同城里埋伏在木马中的战士来了个里应外合，特洛伊立刻被攻陷，杀掠和大火将整个特洛伊城毁灭。愤怒的古希腊士兵将特洛伊的老国王和大多数男人斩杀，城里的妇女和儿童被出卖为奴，引起战争的海伦也被带回古希腊处置，持续 10 年之久的战争终于结束。

时间来到 3000 多年后的现代社会，这个来源于公元前 12 世纪古希腊和特洛伊之间的战争理念被用于网络安全领域。特洛伊木马（Trojan Horse）是指寄宿在计算机里的非授权的远程控制程序，由于特洛伊木马程序能够在计算机管理员未发觉的情况下开放系统权限、泄露用户信息，甚至窃取整个计算机管理使用权限，因此它成为黑客最常用的工具之一。

守护网络安全犹如守护城池一样，稍有不慎就会给我们的网络系统带来灭顶之灾。

网络安全，即网络空间安全。对于网络空间的诞生，经济学家们早就给予了热切的关注。那么它给人类、世界，特别是给中国带来了什么样的影响呢？网络空间又是从哪儿来的呢？

20 世纪以来，科学技术在人类的利用中产生了一种异化力量，在创造了高度发达的物质文明的同时，也给人类带来了一些生态危机，从而迫切需要寻求一种新的生存空间。人类生存空间的演进总是与科学知识的积累和科学技术的进步相关联，在每一个历史时期，人类依靠自身知识的积累和智慧的创造力总会创造出用于解决生存问题的科技发明。20 世纪 50 年代以来，随着计算机技术的飞速发展，特别是与现代通信技术结合而形成的互联网在 20 世纪 90 年代的迅猛发展，为人类创造了一个新的空间——网络空间。

1.1 网络空间是什么

网络空间即 Cyberspace。Cyberspace 的译法繁多，除"网络空间"外，也有"异次元空间""多维信息空间""计算机空间"等译法。笔者认为将意译与音译相结合的"网络空间"更为贴切。Cyberspace是以计算机技术、现代通信网络技术，甚至还包括虚拟现实技术等信息技术的综合运用为基础，以知识和信息为内容的新型空间，这是人类用知识创造的人工世界，一种用于交流知识的虚拟空间，因此"计算机空间"等译法都不能表达其广博的内涵。

网络空间起始于计算机和网络技术的发展，它的出现不仅是一场科学技术的革命，更是人类生活方式的革命。20世纪60年代末，TCP/IP的出现彻底改变了传统通信传输模式，分组数据传输以其高效的资源使用率和更大规模的连接能力为计算机网络的出现奠定了基础。随即，以有线传输为主的互联网迅速在全球普及，成为人们高度依赖的新平台。

短短几十年，互联网正以超乎想象的速度在全球扩张，成为承载全球政治、军事、经济、文化的全新空间。特别是随着"智慧地球"概念的提出，物联网、激光通信、太空互联网、全球信息栅格、云计算技术的发展，使网络与电磁空间融为一体，网络成为影响国家安全、社会稳定、经济发展和文化传播的重要因素。当前，已实现了网络信息层与电磁能量层融合的空间，并向认知层和社会层伸出了触角，逐渐形成涵盖物理、信息、认知和社会4域的第5维空间，即泛在的网络空间。

21世纪以来，美国国家层面将"网络空间"纳入视野，不断深化认识和理解，形成了"网络空间是信息环境中的一个全球域，由相互关联的信息技术基础设施网络构成。这些网络包括国际互联网、电信网、计算机系统及嵌入式处理器和控制器，通常还包括影响人们交流的'虚拟心理环境'，完成了从抽象到具体，从单纯的虚拟空间到物理、信息、认识、社会多维空间的认知转变。

需求和技术的发展把新的生存空间推到了我们面前。网络空间以自然存在的电磁能为承载体，以人造的网络为平台，以信息控制为目的，通过网络将信息渗透到陆、海、空、天实体空间。依托电磁信号传递无形信息，控制实体行为，从而构成实体层、电磁层、虚拟层相互贯通、无所不在、无所不控、虚实结合、多域融合的复杂空间。

1.2 网络空间的影响

现在网络空间正成为"狼烟四起"的新战场。中国互联网络信息中心发布的第52次《中国互联网络发展状况统计报告》显示，截至2023年6月，我国网民规模达10.79亿，手机网民规模达10.76亿，网民规模居世界第一。因此，抵御网络黑客攻击，确保社会和谐稳定，任重道远。

进入21世纪，随着网络技术的迅速发展，网络空间已经成为人类活动的第五维空间，传统的战争形态和战争观也随之发生了变化。网络政治、网络经济、网络文化、网络军事和网络外交等的发展形成了新空间中的独特风景，也催生了"网络战"。

2006年的美国军队新版《联合信息作战条令》中明确指出："由于无线电网络化的不断扩展及计算机与射频通信的整合，计算机网络战与电子战行动、能力之间已无明确界限"。一位美国学者也曾指出："21世纪掌握制网络权与19世纪掌握制海权、20世纪掌握制空权一样具有决定意义。"

随着人们对网络空间的依赖程度日益加深，网络空间给社会和国家安全带来的威胁和风险也日益增加。面对蜂群式的网络拒绝服务攻击，如何保证信息基础设施的正常运行成为网络空间安全面临的重大挑战。此外，像"震网"这样的病毒攻击，可能会对国家的工业系统等关键基础设施造成严重威胁。同时，"维基解密"等网络泄密事件也给网络空间安全带来了困扰。

面对日趋激烈的无形空间角逐，各国都在积极采取行动捍卫"网络空间国防边疆"的主权与安全。美国奥巴马政府就率先打出了一套"组合拳"，包括发布《网络空间政策评估报告》、组建战略层面的网络空间司令部等。其他国家也在积极应对，如俄罗斯提出"网络军控"、英国宣扬"网络主权"意识、日本强调"信息安全是综合安保体系的核心"、韩国成立网络空间司令部等。

因此，我们需要以战略的眼光、全球的视角，创新战略制衡手段来捍卫"网络空间国防边疆"的主权与安全。这样我们才能更好地应对来自网络空间的挑战和威胁，维护我们的国家安全和利益。

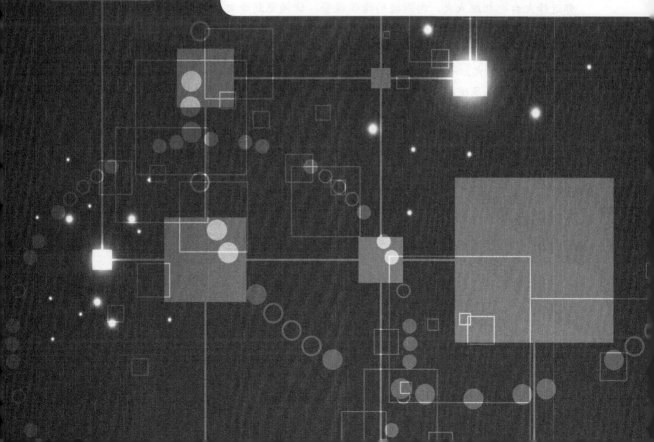

Chapter 2
第 2 章

从信息安全到网络安全

西周末年，周宣王死后，其子姬宫湦继位，是为周幽王。当时周室王畿所处之关中一带发生大地震，加上连年旱灾，民众饥寒交迫、四处流亡，社会动荡不安，国力衰竭。而周幽王是一个荒淫无道的昏君，他不思挽救周朝于危亡，奋发图强，反而重用佞臣虢石父，盘剥百姓，激化了阶级矛盾；又对外攻伐西戎而大败。这时，有个大臣名褒珦，劝谏周幽王，周幽王非但不听，反而把褒珦关押起来。

褒珦在监狱里被关了3年。褒族人千方百计要把褒珦救出来。他们听说周幽王好美色，于是在褒城内找到一位姒姓女子，教其唱歌跳舞，并精心打扮，起名为褒姒，献于周幽王，替褒珦赎罪。

周幽王见了褒姒，非常喜爱，马上立她为妃，同时也把褒珦释放了。周幽王自得褒姒以后，十分宠幸她，过起荒淫奢侈的生活。褒姒虽然生得艳如桃李，却冷若冰霜，自进宫以来从未笑过，周幽王为了博得褒姒的开心一笑，想尽一切办法，可是褒姒终日不笑。为此，周幽王竟然悬赏求计，谁能引得褒姒一笑，赏金千两。这时佞臣虢石父替周幽王想了一个主意，提议用烽火台一试。

烽火本是古代敌寇侵犯时的紧急军事报警信息。由国都到边镇要塞，沿途都遍设烽火台。西周为了防备犬戎的侵扰，在镐京附近的骊山（即现今陕西临潼东南）一带修筑了20多座烽火台，每隔几公里就是一座。一旦犬戎进袭，首先发现的哨兵立刻在台上点燃烽火，邻近烽火台也相继点火，向附近的诸侯报警。诸侯见到烽火，知道京城告急，天子有难，必须赶来救驾。

昏庸的周幽王采纳了虢石父的建议，马上带着褒姒，由虢石父陪同登上了骊山烽火台，命令守兵点燃烽火。一时间，狼烟四起，烽火冲天，各地诸侯一见，以为犬戎打过来了，果然带领本部兵马急速赶来救驾。到了骊山脚下，连一个犬戎兵的影儿也没有，只听到山上奏乐和唱歌的声音，一看是周幽王和褒姒高坐台上饮酒作乐。周幽王派人告诉他们说："大家辛苦了，这儿没什么事，不过是大王和王妃放烟火取乐。"诸侯们始知被戏弄，怀怨而回。褒姒见千军万马召之即来，挥之即去，如同儿戏一般，觉得十分好玩，禁不住嫣然一笑。周幽王大喜，立刻赏虢石父千金。周幽王为此数次戏弄诸侯们，诸侯们渐渐地再也不来了。

直到后来，犬戎大举进攻。诸侯们虽见到了烽火，却因此前多次被愚弄，这次不再理会，结果西周宣告灭亡。

这大概是世界上最早的信息安全事件吧。我们从这个故事也可以看到，信息安全无小事，甚至会影响到国家安全！

2.1 什么是信息

"信息"—词作为科学术语最早出现在哈特莱于1928年撰写的《信息传输》一文中。

20 世纪 40 年代，美国数学家、信息论的创始人香农给出了信息的明确定义，此后许多研究人员从各自的研究领域出发，给出了不同的定义。

香农认为"信息是用来消除随机不确定性的东西"，这一定义被人们看作经典性定义并加以引用。

美国应用数学家、控制论的创始人维纳认为"信息是人们在适应外部世界，并使这种适应反作用于外部世界的过程中，同外部世界进行互相交换的内容和名称"，这也被看作经典性定义并加以引用。

美国著名物理化学家吉布斯创立了向量分析，并将其引入数学物理[1]中，使事件的不确定性和偶然性研究找到了一个全新的角度，从而使人类在科学把握信息的意义上迈出了第一步。他认为"熵"是一个关于物理系统信息不足的量度。

我国著名的信息学专家钟义信教授认为"信息是事物存在的方式或运动状态，以这种方式或状态直接或间接地表述"。

美国信息管理专家霍顿给信息下的定义是："信息是为了满足用户决策的需要而经过加工处理的数据。"简单地说，信息是经过加工的数据，或者说，信息是数据处理的结果，如图 2.1 所示。

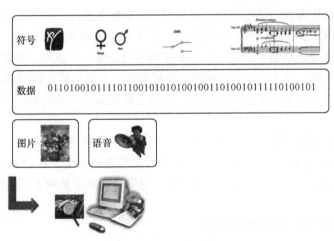

图 2.1　信息的定义

在网络安全领域，信息可以简单概括如下。

信息是有价值的符号、数据、图片和语音，它能够被企业和个人创建、使用、处理、存储及传递，信息的存在必须依托载体或介质。

1　数学物理：以研究物理问题为目标的数学理论和数学方法。

2.2 信息安全与网络安全

信息安全：国际标准化组织（ISO）对信息安全的定义是，为数据处理系统建立和采用的技术、管理上的安全保护，为的是保护计算机硬件、软件、数据不因偶然的或恶意的行为而遭到破坏、更改和泄露。

网络安全：是指网络系统的硬件、软件及其系统中的信息受到保护。它包括系统连续、可靠、正常地运行，网络服务不中断，系统中的信息不因偶然的或恶意的行为而遭到破坏、更改或泄露。

从时间维度而言，信息安全的概念出现于 20 世纪 90 年代，网络安全（也称网络空间安全）的概念则出现在 2014 年。我国将网络空间定义成为"陆、海、空、天"之外的"第五疆域"，网络空间已成为世界各国意识形态斗争、经济扩张和网络攻防的主战场。中共中央网络安全和信息化委员会办公室的设立和《中华人民共和国网络安全法》的颁布实施表明网络安全已成为国家战略，网络安全的内涵和外延也得到扩展。网络安全不再局限于传统信息安全所定义的操作系统、数据库和软件程序的安全，其防护对象已经扩展到组成我国经济、社会、生活的网络基础设施和其所承载的各类信息系统。

从技术发展角度而言，信息安全向网络安全转变势在必行。21 世纪是互联网时代，移动互联网、物联网、5G 等技术的应用给政府、企业和个人带来巨大便利，互联网+政务服务、电子商务和社交网络服务等应用场景越来越多地依赖于互联网，传统的信息安全针对单点网络和单个系统，基于边界防护的静态防护策略已不能满足互联网架构下移动、弹性、分布式等新特征带来的新的安全防护需求，研究互联网架构下新的网络安全保障体系已成为必然选择。

网络是信息传递的载体，因此信息安全与网络安全具有内在的联系，凡是网上的信息必然与网络安全息息相关。信息安全不仅包括网上信息的安全，还包括网下信息的安全。我们所谈论的网络安全，主要是指面向网络的信息安全，或者是网上信息的安全。

2.3 信息安全的三要素

谈到信息安全，首先要了解信息安全的三要素（CIA）。

（1）保密性（Confidenciality）：指信息不被泄露给非授权用户、实体或过程，即信息只为授权用户使用。例如，现在很多人都把个人信息存放在计算机中，不想让别人知道自己计算机上有什么隐私照片，也不想让别人知道自己给谁打过电话、有多少存款。

（2）完整性（Integrity）：指在传输、存储信息或数据的过程中，确保信息或数据不被未授权的用户篡改或在篡改后能够被迅速地发现。例如，银行不希望客户偷偷把自己的账户存款随意增加，我们也不希望自己的手机话费被人偷走，当然，也不希望自己的邮箱密码被人篡改。

（3）可用性（Availability）：指保证合法用户对信息和资源的使用不会被不正当地拒绝。例如，有人开了一个博客，他当然不希望别人用 DoS（拒绝服务）攻击使他的网站不能被访问。

CIA 三要素是信息安全的目标，也是基本原则，那么与之相反的是 DAD 三要素，即泄露（Disclosure）、篡改（Alteration）、破坏（Destruction）。

信息安全就是采取措施保护信息资产，使之不因偶然或者恶意侵犯而遭受破坏、更改及泄露，保证信息系统能够连续、可靠、正常地运行，使安全事件对业务造成的影响最小化，确保组织业务运行的连续性。

 ## 2.4　网络安全相关案例

2.4.1　安全事件

从整体上来讲，我国信息安全环境较几年前有明显的改观，但仍不容乐观，截至 2023 年 6 月底，我国网民规模达 10.79 亿，有 37.6% 的网民在过去半年内遇到过安全事件，总人数达 4.06 亿。此外，遭遇个人信息泄露的网民比例最高，为 23.2%；遭遇网络诈骗的网民比例为 20.0%；遭遇设备中病毒或木马攻击的网民比例为 7.0%；遭遇账号或密码被盗的网民比例为 5.2%。网民遭遇各类安全问题的比例如图 2.2 所示。

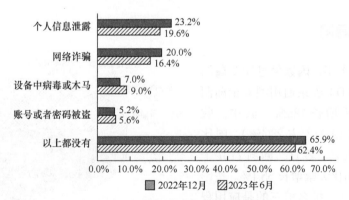

图 2.2　网民遭遇各类安全问题的比例
（数据来源：CNNIC 中国互联网络发展状况统计调查）

近年来，虽然安全软件逐渐普及、防范能力不断加强，但新的病毒、诈骗手段和骚扰手段不断涌现，安全软件防范难度加大，安全事件的发生概率仍然较高。

1. 美国宣布进入国家紧急状态——科洛尼尔输油管道被迫关闭

2021 年 5 月，位于亚拉巴马州佩勒姆的科洛尼尔输油管道受到网络攻击，涉及勒索事件。运营商启动应急响应后停止所有管道的运行，并且关闭某些系统以避免继续遭受攻击。作为当地最大燃油管道运营商，无法提供管道运输服务，对美国能源行业影响巨大，影响了依赖燃油资源的众多行业的正常运转，美国宣布进入国家紧急状态。

2. 我国某市有线电视网络系统遭受攻击

2015 年 8 月 1 日晚，我国某市有线电视网络系统部分用户的机顶盒遭到攻击，出现一些反动宣传内容，群众不能正常收看电视，造成了不良影响。

一直以来，"三网融合"都是网络发展的一个热点词汇，但是在三网融合功能层面的工作被逐步推进时，人们有时会遗忘其安全层面的工作。另外，我们也要认识到很多电视网络、通信网络，甚至是工控网络都采用和以太网、互联网一样的基础架构，如果安全工作跟不上，攻击者则能够"直捣黄龙"。

3. 美国"网络911"

2016 年 10 月，美国遭受史上最大规模的 DDoS（分布式拒绝服务）攻击，东海岸网站集体瘫痪。恶意软件 Mirai 控制的僵尸网络对美国域名服务器管理服务供应商 Dyn 发起 DDoS 攻击，从而导致许多网站在美国东海岸地区死机，如 GitHub、Twitter、PayPal 等，用户无法通过域名访问这些站点。

根据国外媒体的报道，此次攻击背后的始作俑者竟然是黑客组织 NewWorldHackers 和 Anonymous（匿名者）。

2.4.2 安全漏洞

2021 年上半年，国家信息安全漏洞共享平台（CNVD）收录通用型安全漏洞 13083 个，同比增长 18.2%。其中，收录高危漏洞 3719 个（占 28.4%），同比减少 13.1%；收录"零日"漏洞 7107 个（占 54.3%），同比大幅增长 55.1%。按影响对象分类统计，排名前三的是应用程序漏洞（占 46.6%）、Web 应用漏洞（占 29.6%）、网络设备漏洞（占 11.6%），如

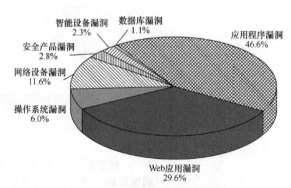

图 2.3　CNVD 收录安全漏洞按影响对象分类统计

图 2.3 所示。2021 年上半年，CNVD 验证和处置涉及政府机构、重要信息系统等网络安全漏洞事件近 1.8 万起。

1. 我国某航空公司重大安全漏洞

2015 年 2 月，漏洞盒子"白帽子"发现，用户在某航空公司刚订完机票，就有电话打过来，要求用户退票，经上网核实该电话号码是诈骗电话，但是信息是从哪里泄露的呢？

"白帽子"经过研究发现某航空公司信息系统存在一个严重的安全漏洞（暂不清楚诈骗信息的获取是否来自该漏洞），该漏洞可以获得某航空公司 2012—2015 年海量的机票订单信息，包括乘机人姓名、证件号码、联系电话、支付方式、航班号码、支付金额等，如图 2.4 所示。

乘机人	证件号码	支付方式	支付金额
毛** /张*	G5****745/G5****147	CMB（招商银行）	1600
李**	440206********0092	CCB（中国建设银行）	710
陈*	530103********0428	ICBC（中国工商银行）	820
周**	410104********4647	BANKCOMM（交通银行）	800
宋* /曾**/李*	410802********2012/520903**** ****0037/410603********1915	QUICKMPAY_XC（携程快捷支付）	1500
沈*	430908********1626	QUICKMPAY_QUNAR（去哪儿快捷支付）	1170
戴**	440603********0310	QUICKMPAY_QUNAR（去哪儿快捷支付）	420
王**	370705********0412	QUICKMPAY_HECJ	970
孙**	340107********083X	szalrpay_alipay（支付宝）	750
曹**	G2****387	szalrpay_alipay（支付宝）	840

订单号	机票联系人	联系电话	航班号码	乘机日期
TK2012＊＊＊＊＊＊1	周*	137******71	ZH**	2012/3/23
TK2012＊＊＊＊＊＊2	李**	189******07	ZH**	2012/3/5
TK2012＊＊＊＊＊＊3	陈*	135******50	ZH**	2012/3/11
TK2012＊＊＊＊＊＊5	宋**	133******15	ZH**	2012/3/27
＊＊＊＊＊＊				
TK2015＊＊＊＊＊＊3	李**	188******18	ZH*19	2015/1/14
TK2015＊＊＊＊＊＊5	冉*	153******26	ZH**8	2015/1/12
TK2015＊＊＊＊＊＊6	戴**	180******87	ZH**6	2015/1/29
TK2015＊＊＊＊ 97	王**	181******39	ZH*26	2015/1/16
TK2015＊＊＊＊＊＊9	骆**	153******10	ZH*33	2015/1/14
TK2015＊＊＊＊＊＊1	曹**	153******61	ZH**5	2015/2/26

图 2.4　某航空公司信息系统的重大安全漏洞

2. 安防监控摄像头相关漏洞

2014 年 11 月 19 日，一家著名安防产品及行业解决方案提供商所生产的监控设备被曝存在严重漏洞。该厂商的数码录像机在实时数据流协议的请求处理代码中，包含 3 个典型的缓冲区溢出漏洞。漏洞编号是 CVE-2014-4878、CVE-2014-4879 和 CVE-2014-4880。漏洞的大体原理为：在 RTSP（TCP/IP 体系中的双向实时流传输协议）的请求体、请求头及基础认证处理中通过某种手法实现缓冲区溢出，接下来即使不经过认证，黑客也能实现远程任意代码的执行。

2.4.3　恶意代码

恶意代码是以某种方式对用户计算机或网络造成破坏的软件，包括木马、蠕虫、内核套件、勒索软件、间谍软件等。近年来，恶意软件的发展趋势包括加密攻击急剧增加、勒索软件数量不断增加、密码窃取方式日益复杂、恶意软件模式产生变化等。部分恶意代码如下。

1. 梅丽莎（Melissa）

梅丽莎病毒是通过微软的 Outlook 电子邮件软件，向用户通信录中的前 50 位联系人发送邮件来进行传播的一种病毒。其爆发时间为 1999 年 3 月，全球 15% ~ 20% 的计算机被感染。

2. 红色代码（Code Red）

红色代码是一种计算机蠕虫病毒，能够通过网络服务器和互联网进行传播。其爆发时间为 2001 年 7 月，100 万台计算机被感染。

3. 冲击波（Blaster）

冲击波病毒在运行时会不停地利用 IP 扫描技术寻找网络上操作系统为 Windows 2000 或 Windows XP 的计算机，找到后利用 DCOM/RPC 缓冲区漏洞攻击该系统，一旦成功，病毒体将会被传送到对方的计算机中进行感染，使系统操作异常、不停重启，甚至崩溃。其爆发时间为 2003 年 8 月，数十万台计算机被感染，给全球造成 20 亿 ~ 100 亿美元的损失。

2.4.4　垃圾邮件

垃圾邮件是指发送给众多收件人的不被需要的消息（通常是未经请求的广告），包括收件人事先没有提出要求或者同意接收的广告、电子刊物、各种形式的宣传品等宣传性的电子邮件，收件人无法拒收的电子邮件，隐藏发件人身份、地址、标题等信息的电子邮件，含有虚假的信息源、发件人、路由等信息的电子邮件。

近 40 年来，垃圾邮件往往与钓鱼网站和恶意软件等这类危险性更高的攻击手段一起出现。相关安全报告显示，近年来垃圾邮件在整体邮件数量上的占比高达 85%。传播恶意代码和钓鱼网站链接的垃圾邮件发布者仍然在不断地寻找进入用户计算机的捷径。美国检测到一种假冒 Facebook（脸书）提醒的垃圾邮件，初看上去，这种垃圾邮件同其他社交网站类垃圾邮件没有什么不同。邮件内容为新好友加入 Facebook 的请求，如图 2.5 所示。但是，其中的链接会将用户定向到位于 Wikipedia 和 Amazon（亚马逊）上的被感染网页中。此外，还有一些钓鱼邮件会利用游戏玩家等待《暗黑破坏神 3》发布的急切心理，声称可以让邮件接收者有机会体验该游戏的测试版。想要体验，用户只需要输入自己的战网账号信息即可。当然，其中的链接会将用户指引到钓鱼网站，如图 2.6 所示。

图 2.5　垃圾邮件附恶意代码

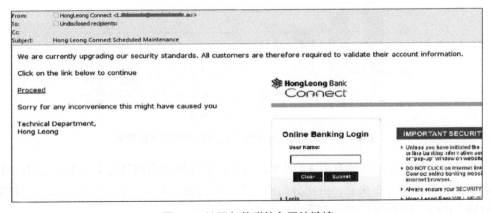

图 2.6　垃圾邮件附钓鱼网站链接

2.4.5 网站安全

2021 年上半年，国家信息安全漏洞共享平台监测发现针对我国国内网站仿冒页面 1.3 万余个。为有效防止网页仿冒引发的危害，国家互联网应急中心（CNCERT）重点针对金融、电信等行业的仿冒页面进行处置，共协调关闭仿冒页面 8171 个，同比增加 31.2%。在已协调关闭的仿冒页面中，从承载仿冒页面 IP 地址的归属情况来看，绝大多数归属于国外。

监测发现，2021 年 2 月以来，针对地方农村信用社的仿冒页面呈爆发趋势，仿冒对象不断变换、转移，承载 IP 地址主要是国外地址。这些仿冒页面频繁、动态地更换银行名称，多为新注册域名且通过伪基站发送钓鱼短信的方式进行传播。根据分析，通过此类仿冒页面，攻击者不仅可以获取受害人的个人敏感信息，还可以冒用受害人身份登录其手机银行系统进行转账操作或者绑定第三方支付渠道进行资金盗取。

国外 8289 个 IP 地址对我国国内约 1.4 万个网站植入后门。其中，有 7867 个国外 IP 地址（占全部 IP 地址总数的 94.9%）对我国国内约 1.3 万个网站植入后门，属于美国的 IP 地址最多，占国外 IP 地址总数的 15.8%，其次是属于菲律宾的 IP 地址，如图 2.7 所示。从控制我国国内网站总数来看，属于菲律宾和美国的 IP 地址分别控制我国国内 3098 个和 2271 个网站。此外，攻击源、攻击目标为 IPv6 地址的网站后门事件有 486 起，共涉及攻击源 IPv6 地址 114 个、被攻击的 IPv6 地址解析网站域名累计 78 个。

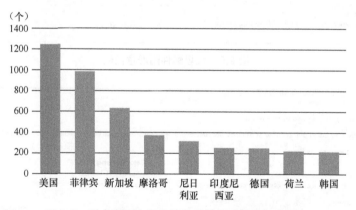

图 2.7 对中国国内网站植入后门的国家和地区排名

我国国内被篡改的网站有近 3.4 万个，其中被篡改的政府网站有 177 个。从国内被篡改网页的顶级域名分布来看，占比分列前 3 名的仍然是 ".com"".net" 和 ".org"，分别占总数的 73.5%、5.4% 和 1.8%，如图 2.8 所示。

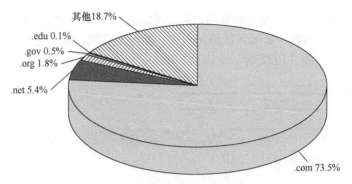

图 2.8　国内被篡改网站按顶级域名分布

1. 某航空公司官网被黑

2015 年年初，某航空公司官网被黑，当普通用户访问该航空公司网站时，当前页面会被跳转到另一页面，该页面上会显示一张穿着燕尾服的蜥蜴的图片和一句"Hacked by LIZARD SQUAD——OFFICIAL CYBER CALIPHATE(大意：你被 Lizard Squad 黑了)"，如图 2.9 所示。

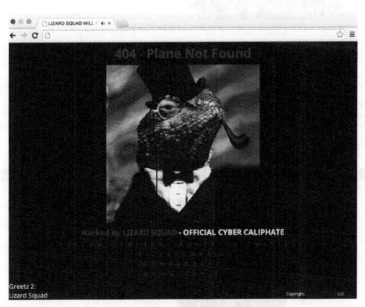

图 2.9　某航空公司官网被黑

2. 钓鱼仿冒网站

"钓鱼"是一种网络欺诈行为，"钓鱼网站"是指不法分子利用各种手段仿冒真实网站的 URL 地址及页面内容，以此来骗取用户银行或信用卡账号、密码等私人资料。

仿冒网站一般以购物、金融系统网站为主，如淘宝官网、京东官网和银行的手机银行网站等，如图 2.10～图 2.12 所示。

图 2.10　仿冒淘宝官网的钓鱼网站

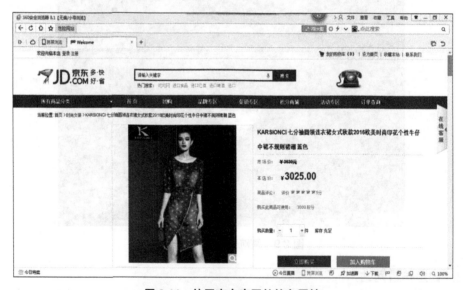

图 2.11　仿冒京东官网的钓鱼网站

图 2.12　仿冒手机银行网站的钓鱼网站

2.4.6　移动安全

截至 2023 年 6 月，我国手机用户数达到 17.10 亿，手机网民用户数已达 10.76 亿，网民中使用手机上网的比例达到 99.8%，可以预见，移动互联网的发展将达到一个新的高度。但与此同时，网络犯罪分子也在加紧对移动设备的攻击，移动安全逐渐成为网络安全的重要战场，移动安全问题不容忽视。

国家互联网应急中心报告，2021 年上半年，国家信息安全漏洞共享平台（CNVD）收录通用型安全漏洞 13083 个，同比增长 18.2%。其中，收录高危漏洞 3719 个（占 28.4%），同比减少 13.1%；收录"零日"漏洞 7107 个（占 54.3%），同比大幅增长 55.1%。按影响对象分类统计，排名前三的是应用程序漏洞（占 46.6%）、Web 应用漏洞（占 29.6%）、操作系统漏洞（占 6.0%），如图 2.13 所示。为有效防范移动互联网恶意程序的危害，严格控制移动互联网恶意程序传播途径，国家互联网应急中心累计协调国内 204 家提供移动应用程序下载服务的平台下架 25054 个移动互联网恶意程序，有效防范了移动互联网恶意程序危害，严格控制移动互联网恶意程序的传播途径。

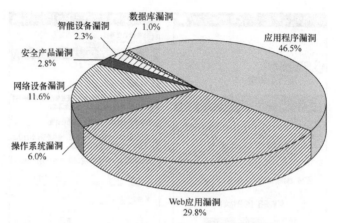

图 2.13　移动安全状况按行为属性统计

1. "反动联盟2病毒"

2012年，"反动联盟2病毒"的恶意代码植入10余个版本的《鳄鱼爱洗澡》游戏中。

用户一旦激活游戏，病毒就会攻击指定的手机安全软件，并且用户界面会弹出广告，私自下载应用，耗费用户流量，如图2.14所示。

据保守估计，此次受"反动联盟2病毒"感染的Android系统用户数接近300万。

2. 来源不明的二维码

现代生活离不开二维码，付钱、交友，甚至出行都需要扫二维码。正因为二维码的普遍

图 2.14　《鳄鱼爱洗澡》游戏被恶意代码植入

化，许多不法分子利用二维码的便捷，骗取了大众的钱财，获取了大众的隐私和个人敏感信息。

张先生是做家具定制生意的，近几年生意越做越大，他也开了一家网上旗舰店，双十一期间生意特别好，但因扫描了客户发送的二维码，便被盗取了大量资金。

"前几天，有个人说他家里要装修，想定制一些家具，那个人就和其他前来咨询的客人一样，没什么特别之处。"张先生每次回忆这个事情，都特别懊悔。

"只是聊着聊着，那个买家突然说，他在外面，手机流量有限，发不了那么多图，让我扫描一个二维码（如图2.15所示），下载后可以看到他想要的家具的图片和尺寸。"张先生说，"现在都流行扫一下二维码，我之前扫过，很方便，就用手机扫了一下，但是扫描后，我啥也没看到。"

"后来我又和买家沟通了一会儿，他说先付一些订金，问我要了姓名、身份证号、银行卡号、手机号等信息，说晚上回到家再汇款，然后他就下线了。"

世界上最深的路是什么路？是套路！如图 2.16 所示，咱们把上述套路回放一遍，具体过程如下。

（1）诈骗者通过即时通信工具获得受害者的信任。

（2）受害者收到二维码（诈骗者发送恶意文件或链接）。

（3）受害者扫描二维码（用户接收或下载恶意文件）。

（4）受害者安装恶意程序。

（5）诈骗者套取受害者的身份信息。

（6）受害者支付账号被关联，钱财被盗。

图 2.15　张先生所说的二维码

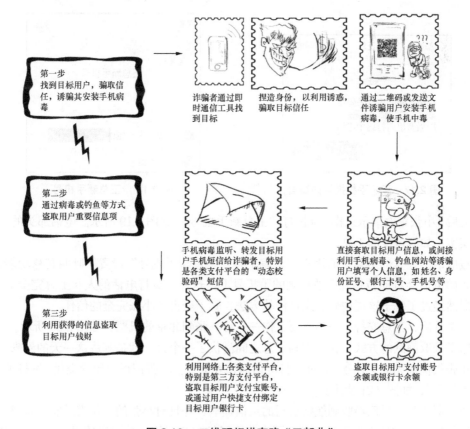

图 2.16　二维码扫描套路"三部曲"

3. 手机换号

最近，小张发现自己的领导王总手机换号了……没抱有任何怀疑的小张惠存了领导的新手机号，经过请示工作、订机票整整一个月的折腾之后……小张才发现……（天啊，被自己蠢哭了！）

究竟咋回事儿？快来看看吧！

故事要从小张收到的一条短信开始说起……

王总换手机号了？老板嘛！不用问为什么，这没什么奇怪的！也不用怀疑短信的来源，这不是伪基站，而确实是王总的手机发来的信息，如图 2.17 所示。

骗子通过不确定的途径，向王总的手机植入了木马病毒，使得王总的手机在神不知鬼不觉的情况下，自动向手机通信录里的联系人群发短信。

小张自然而然地将该号码存了下来。但他还留了个心眼儿，没有覆盖原来的号码，而是把这个新号码另存下来，如图 2.18 所示。

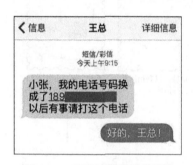

图 2.17　王总手机换号的短信

图 2.18　王总新手机号

之后，小张每次请示工作，都拨打"王总新手机号"，如图 2.19 所示。电话那头的王总，确确实实是如假包换的王总。

接电话的是真的王总，原因在于，骗子将"王总新手机号"设置了呼叫转移功能，所有拨入的电话会自动转移到王总原来的手机号上。这样，拨打电话的人和王总完全不知道中间居然经过了骗子这层中介。用这样的方法，骗子获得了小张完全的信任。

一个月后，王总安排了一项重要工作——订一张到北京的机票，如图 2.20 所示。

骗子采取静默的方式，在小张和王总之间潜伏了一个月，就是等待这一天的到来。

小张很快地完成了任务，并准备打电话向领导汇报。小张记得领导的交代，拨打了"王总新手机号"，如图 2.21 所示。

电话那头王总说已经收到航空公司的短信提醒，并且对小张的工作表示非常满意。

骗子通过先前植入的木马病毒，同步获取了航空公司给王总发送的提醒短信，得知了王总出行的准确时间。

图 2.19 王总新手机号通话

图 2.20 王总的工作安排

就在王总乘坐的飞机起飞之前，小张收到了一条短信，如图 2.22 所示。

图 2.21 小张电话向王总汇报工作

图 2.22 王总要求转账的短信

好了，故事到这里就基本结束了。我们都可以猜到结局，小张向骗子的账户转了 30 万元。

小张为什么不打给电话给王总进行核实呢？因为小张和骗子都知道，王总此时正在万米高空中，电话一定是关机状态。

此类骗术的最重要的关键词是"新号码"，包括手机号、QQ 账号、微信账号等。如果遇到此类情况，请一定要拨打旧号码，或者当面进行确认后，再将新号码存入通信录。

另一个关键词"呼叫转移"，就算你能确认接听该电话的是老总，但是，这个手机号并不一定在他手里。

因此，在涉及金钱交易时我们一定要当面确认，慎之又慎，对于财务人员，建议企业管理者们加强对财务人员的防骗培训，及时了解最新的诈骗手段。

4．手机勒索

手机勒索软件是一种通过锁住用户移动设备，使用户无法正常使用移动设备，并以此胁迫用户通过支付来解锁的恶意软件，勒索软件的表现形式主要有以下两种。

（1）将触摸反馈设置为无效

主要通过将手机触摸屏部分或虚拟按键的触摸反馈设置为无效，使触摸区域不响应触摸事件，如图 2.23 所示。

（2）设置手机锁定 PIN 码

通过设置手机锁定 PIN 码，使用户无法进入手机系统。

图 2.23　手机被锁屏

2.4.7　无线安全

Wi-Fi 给人们的生活带来了巨大的便捷，无论是个人计算机，还是移动终端，公共免费 Wi-Fi 已成为上网族的刚性需求。酒店、饭馆、咖啡馆，甚至超市、公交车上都会提供免费的 Wi-Fi，便捷之处不言而喻，但随之而来的安全隐患也让人们有所顾忌。近几年，常有媒体报道，人们因在公共场所连接不安全的免费 Wi-Fi，导致银行账户信息泄露，甚至银行卡中的钱被盗。随着一系列与之相关的新闻曝光，移动终端用户在使用免费 Wi-Fi，尤其是公共免费 Wi-Fi 时一定要提高警惕。但对于普通用户来说，"钓鱼" Wi-Fi 很难被识别，那么应该怎样识别可疑的 Wi-Fi，提高使用移动互联网的安全系数呢？

中央网络安全和信息化委员会办公室 2015 年相关报告显示，80.21% 的网民随意连接公共免费 Wi-Fi，其中 45.29% 的网民连接公共免费 Wi-Fi 浏览网页并使用即时通信工具，4.75% 的网民连接公共免费 Wi-Fi 除浏览网页和使用即时通信工具外，还进行过网上购物或网页交易等活动，如图 2.24 所示，公共免费 Wi-Fi 风险类型比例如图 2.25 所示。

1．公共免费 Wi-Fi 的安全隐患不容忽视

人们每进入一个公共场所，无论是饭馆，还是咖啡厅，总会先问一句，有 Wi-Fi 吗？商家为了招揽顾客，也都会在自己的店铺内设置免费的 Wi-Fi。一次央视 3·15 晚会曾曝光了黑客如何在公共场所利用"钓鱼" Wi-Fi 窃取用户的隐私数据，最终导致财产损失的黑幕，触目惊心的现场演示让许多人对公共 Wi-Fi 的安全产生恐慌。

此前，也有媒体报道，江苏扬州市民小周银行卡上的钱不翼而飞。经调查发现，钱款丢失与他曾在公共场所接入不安全的 Wi-Fi 有关。另外一位在福建省泉州市的网友遭遇了

和小周一样的情况，在一家商场免费上网时遇到了"钓鱼"Wi-Fi，其网银账号被"钓"，这名网友以为是正规运营商免费提供的 Wi-Fi，便进行了网银支付等操作，后来发现使用原网银密码不仅不能登录，他的银行卡还被盗刷 6 次，损失金额达 12000 元。

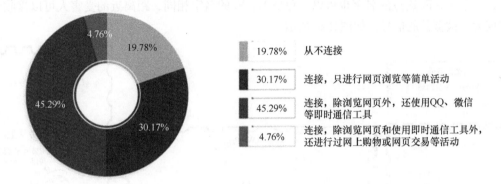

图 2.24　公共免费 Wi-Fi 使用情况

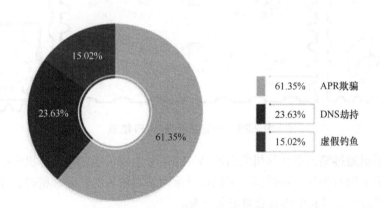

图 2.25　公共免费 Wi-Fi 风险类型比例

这种骗术仅需准备一台 Windows 操作系统的计算机、一套无线网络及一个网络封包分析软件，设置一个无线热点，就可以轻松地搭建一种不设密码的 Wi-Fi。如果用户连接到这种骗子搭建的免费 Wi-Fi，骗子就可通过替换非法网站、截获网络数据来破解密码，篡改收款人转账的接收账户，盗取钱财。

2. 建立"钓鱼"Wi-Fi 记录受害人个人信息

对于"钓鱼"Wi-Fi 是如何侵犯用户隐私，甚至盗取银行卡信息及钱财的，网络安全专家邢先生说："利用 Wi-Fi 侵财是一种高科技犯罪手段。其实这个'钓鱼'Wi-Fi 的工作原理非常简单，了解之后，就可以多加防范。"

"其原理跟早先黑客入侵局域网类似。"邢先生解释说，"首先在一个公共场所，黑客先用自己的笔记本计算机建立一个"钓鱼"Wi-Fi网络，即Wi-Fi热点。这个Wi-Fi热点的名字与附近的免费Wi-Fi的名字相似，如只差一个字母，并且不需要输入密码就能直接进入，这个Wi-Fi热点的名字也可以和免费Wi-Fi的名字相同，距离近的受害人可以接收到强度大、被覆盖的信号，如图2.26所示。

图 2.26　一张图看懂 Wi-Fi 隐患

一旦有手机通过笔记本计算机发出的Wi-Fi信号上网，笔记本计算机中的黑客软件就会记录下手机上网时的每一步操作，手机在登录网站时输入的账号和密码、登录网上银行时所输入的银行卡卡号和密码也会被记录下来。

记录完成后，黑客只需要通过解码软件将获取的数据解码，用户的所有个人信息就都被黑客掌握了。随后，黑客便可利用技术手段将受害人账户上的资金以转账的方式转走。

2.4.8　信息泄露

信息泄露是指个人信息或机密数据意外或被非法向他人泄露，导致信息的安全性受到威胁。信息泄露的原因有多种，例如黑客攻击、内部人员泄露、处理方法错误等。在互联网时代，信息泄露的风险越来越高，对个人隐私和企业信息安全都构成了严重的威胁。

2020 年 3 月，有用户发布了一则名为"某社交平台 5.38 亿用户的绑定手机数据，其中 1.72 亿用户有账号基本信息"的交易信息，售价 1388 美元。其中绑定手机数据包括用户账号基本信息和手机号，账号基本信息包括昵称、头像、粉丝数、所在地等。

2020 年 4 月，有媒体报道，某农商银行、某商业银行内部有人员违规泄露客户信息。其中，某农商银行被中国银行保险监督管理委员会罚款 30 万元，泄漏信息的内部员工被禁业 3 年。

2020 年 5 月 6 日，某脱口秀演员在社交平台发声，指责某银行泄露其个人账户交易信息。5 月 7 日凌晨，该银行发布致歉信称，已按制度规定对相关员工予以处分，并对支行行长予以撤职处理。

2020 年 5 月，某市警方破获一起贩卖公民个人信息案，某银行员工以每条 80 ~ 100 元的价格，将银行卡使用人的身份信息、电话号码、余额、交易记录售卖谋利，涉及个人信息 50000 多条。

2020 年 8 月，不法分子与某快递公司的多位员工勾结，通过有偿租用某快递员工的系统账号盗取公民个人信息，再层层倒卖，导致 40 万条公民个人信息被泄露。案件 2020 年 11 月被曝光后引起轩然大波。紧接着有媒体通过连日调查发现，不止一家快递公司涉及该问题，网上存在贩卖快递用户信息的"黑色产业"链条涉及多家快递公司。大量包含快递客户姓名、住址、电话的信息被打包在网上出售，每条售价 0.8 ~ 10 元。

从以上案例可以看出，仅 2020 年，我国就发生多起信息泄露事件，大的互联网公司也存在同样的安全问题。

1. 某社交平台

2013 年 11 月，乌云网某社交平台群关系数据被泄露，人们在网上可以轻松找到数据下载链接，此次泄露数据涉及 7000 万个群、12 亿个账号，大量用户的个人隐私被泄露。

2. 某旅行平台

2014 年 3 月，乌云网报道某旅行平台存在安全漏洞，该平台的安全支付日志可遍历下载，客户信用卡敏感信息以明文存储，包含持卡人姓名、身份证号、银行卡号、CVV（信用卡验证码）。

3. 手机厂商

2014 年 5 月 14 日，乌云网报道某手机论坛被黑客攻击，800 万用户信息遭泄露，包括用户名、密码、注册 IP、邮箱。同时用户的通信录、短信、照片、GPS 等个人数据备份信息也被黑客复制、曝光。

4. 个人

一名网友称，他花了半个小时将某位女士的 700 多条社交平台分享信息浏览了一遍，知道了她的居住地、孩子的真实姓名和生日。他还知道了她的家庭状况，老公几天会回一

次家。通过她自己的制服照和手机签到信息，他知道了她公司的名称。通过照片知道了她每周固定带孩子去玩的地方。

用户社交平台晒孩子照片导致个人信息泄露，致孩子被绑架的事件屡见不鲜。

个人隐私泄露渠道如下。

（1）名片。

（2）地图。

（3）微信、微博。

（4）快递。

（5）银行卡刷卡回单。

2.4.9 社会工程学

社会工程学利用人类的心理特征和社会规则来影响人们的行为和态度，从而达到某种目的。它可以用于解决社会问题，也可以用于获取敏感信息。严格意义上它不是一门科学，而是一种灵活的技巧和策略。它有时候可以有效地改变人们的想法和行动，但也有可能失败或被识破。社会工程学涉及多个学科的知识，如心理学、社会学、沟通学等。

咱们来看看世界上曾经最成功的黑客凯文·米特尼克对社会工程学是如何解读的。"人是最薄弱的环节。你可能拥有最好的技术、防火墙、入侵检测系统、生物鉴别设备，可只要有人给毫无戒心的员工打个电话……"

社会工程学攻击和常规黑客攻击的区别如表2.1所示。

表2.1 社会工程学攻击和常规黑客攻击的区别

项目	社会工程学攻击	常规黑客攻击
攻击对象	人	网络设备、主机、应用
攻击手段	利用人性弱点进行欺骗、诱导	扫描、破解、溢出、DDoS

典型的社会工程学攻击过程示例如下。

场景一：A办公室，电话铃响。

张三："你好，我是张三，这里是A办公室。"

攻击者："你好，我是网络中心的李四，我们正在进行正常的网络维护，可能会导致断网。请问你们办公室的网络有出现任何问题吗？"

张三："嗯，据我所知没有。"

攻击者："好的，如果网络有任何问题及时通知我们，我们网络中心的人都在机房里，座机暂时没人接，有问题你就拨打我的手机号：123*********。"

张三："好的，如果有情况我会及时通知你们的。"

攻击者："还有一件事情。你能告诉我你的计算机所连接的端口号吗？"

张三："端口号？"

攻击者："就是你所接的网线上面有个标签，上面有个号码。"

张三："看到了，号码是 123。"

攻击者："请稍等，端口号 123。好的，谢谢。记得有情况及时打电话，再见。"

场景二：网络中心，电话铃响。

李四："你好，网络中心。"

攻击者："你好，我是 A 办公室的张三，我们正在测试我们计算机上的一些问题，你可以暂时停止我这根线的网络连接吗？我这边线头的标签上写着 123。"

李四："好，我来看看配置表上的记录啊，别停错了线。编号'123'的线连的是 A 办公室张三，请稍等，好了，已经停止了。"

攻击者："谢谢。"

10 分钟之后，攻击者的电话铃响。

攻击者："你好，我是网络中心李四，您哪位？"

张三："你好，我是 A 办公室的张三，我的网断了，你帮我看看吧。"

攻击者："嗯，没问题，不过这会儿正忙，你稍等一会儿行吗？"

张三："要多久，我这边也挺着急的。"

攻击者："很快的，10 分钟吧，稍等。"

这时，攻击者又打了一个电话给真正的李四，要求打开张三的网络连接。

10 分钟后，A 办公室，电话铃响。

攻击者："我是网络中心的李四，你的网络已经连接好了，你再试试。"

张三："我看下，是的，已经可以用了，谢谢。"

攻击者："好的，我们网络中心新做了个小插件，以后会自动检测网络问题，你装一下吧，下载地址为 ******。"

张三："好，辛苦你们了啊。哎，我装了这个，咋没反应啊？"

攻击者："哦？那可能是兼容性问题吧，你等等，我们再完善一下，等我们调整好后你再装吧。"

就这样，一个木马程序被安装到了这台计算机中。

2.4.10　物理安全

物理安全是指为了保证计算机系统安全、可靠地运行，确保系统在对信息进行采集、传输、存储、处理、显示、分发和利用的过程中不会受到人为或自然因素的危害而使信息丢失、泄露和被破坏，对计算机系统设备、通信与网络设备、存储媒体设备和人员所采取的安全技术措施。物理安全包括环境安全、设备安全和媒体安全3个方面。下面我们来看一些案例。

1. NFC 银行卡安全隐患

NFC(近场通信)是一种近距离高频无线通信技术。IC 芯片银行卡是具备电子现金账户、能使用非接触界面的银行卡。当这两者相遇，就可能存在不确定的安全隐患。如果带有"闪付"功能的银行卡靠近 NFC 刷卡处，持卡人的个人信息及近期的交易记录将会出现在屏幕上，如图 2.27 所示。

图 2.27　NFC 手机显示交易记录

国内主要银行 IC 芯片银行卡 NFC 读卡显示数据如表 2.2 所示。

表 2.2　国内主要银行 IC 芯片银行卡 NFC 读卡显示数据

银行卡	卡号显示	卡内余额	电子钱包余额	近 10 笔交易	身份证号
广州银行	后 4 位	不可读	可读	可读	不可读
建设银行	全卡号	不可读	可读	可读	开头末两位
交通银行	后 4 位	不可读	可读	可读	不可读
招商银行	全卡号	不可读	可读	可读	开头末两位

续表

银行卡	卡号显示	卡内余额	电子钱包余额	近 10 笔交易	身份证号
中国银行	全卡号	不可读	可读	可读	不可读
工商银行	全卡号	不可读	可读	可读	不可读
农业银行	全卡号	不可读	可读	可读	不可读

2. 非法进入数据中心机房案例

一个普通的系统管理员利用看似简单的方法，就可以进入需要门卡认证的数据中心。

以下内容是来自国外某论坛的激烈讨论。

时间：2002 年某天夜里。

地点：A 公司的数据中心大楼。

人物：一个普通的系统管理员。

案例情况如下。

A 公司的数据中心是重地，设立了严格的门禁制度，要求必须插入门卡才能进入。不过，人们出来时很简单，数据中心一旁的动作探测器会检测到有人朝出口走去，门会自动打开。

数据中心有一位系统管理员张三，这天晚上需要加班到很晚，中间张三离开数据中心出去吃夜宵，可返回时发现门卡落在里面了，自己被锁在了外面，四周别无他人，一片静寂。

张三急需今夜加班，可他又不想打扰他人，怎么办？

这时张三忽然想到了一条线索——昨天公司曾在接待区庆祝某人生日，现场还未清理干净，遗留下很多杂物，哦，还有气球。

聪明的张三想出了妙计，如图 2.28 所示。

①张三找到一个气球，放掉气

②张三朝大门入口趴下来，把气球塞进门里面，只留下气球的嘴在门的这一边

③张三在门外吹气球，气球在门内膨胀，然后，他释放了气球……

④由于气球在门内弹跳，触发了动作探测器，门终于开了

图 2.28　非法闯入数据中心

问题出在哪里？

如果门和地板齐平且没有缝隙，就不会出现这种事情；如果动作探测器的灵敏度调整到不对快速放气的气球做出反应，也不会出现这种事情；当然，如果根本就不使用动作探测器来从里面开门，这种事情同样不会发生。

2.4.11 复杂的高级持续性威胁（APT）攻击

APT 攻击是利用当下先进的攻击手法对特定目标进行长期、持续性的网络攻击。APT 攻击的高级性体现在精确的信息收集、高度的隐蔽性，以及使用各种复杂的网络基础设施、应用程序漏洞对目标进行精准的打击。攻击人员的攻击形式更为高级和先进，这种攻击被称为网络空间领域最高级别的安全对抗。

新型的攻击和威胁主要针对国家重要的单位和基础设施进行，包括能源、电力、金融、国防等关系国计民生的领域，或者是涉及国家核心利益的网络基础设施。APT 攻击的一般特征如下，出于政治利益、经济利益或竞争优势而开展；持续时间长，混合多种复杂高级手段，如社会工程学、病毒等手段；针对一个特定的公司、组织或平台。

APT 攻击常用的攻击手法有鱼叉式网络钓鱼、水坑攻击、路过式下载攻击、社会工程学、即时通信工具、社交网络等，在各大分析报告中出现最多的是鱼叉式网络钓鱼、水坑攻击、路过式下载攻击、社会工程学。攻击手法的具体描述如下。

鱼叉式网络钓鱼是指一种只针对特定目标进行攻击的网络钓鱼攻击。进行攻击的黑客锁定目标后，会以电子邮件的方式，假冒该公司或组织的名义寄发难以分辨真伪的档案，诱使员工进一步用其账号和密码登录，使攻击者以此借机安装特洛伊木马或其他间谍软件，窃取机密；或在员工时常浏览的网页中植入病毒自动下载器，并持续更新受感染系统内的变种病毒，使使用者穷于应付。

水坑攻击是一种计算机入侵手法，其针对的目标多为特定的团体组织、行业、地区等。攻击者首先通过猜测或观察确定这组目标经常访问的网站，然后入侵其中一个或多个，植入恶意软件，最后达到感染该组目标中部分成员的目的。

路过式下载攻击是指系统在用户不知道的情况下下载间谍软件、计算机病毒或者任何恶意软件。路过式下载攻击是可能发生在用户访问一个网站、阅读一封电子邮件，或者单击一个欺骗性弹出式窗口的时候。例如，用户误以为这个弹出式窗口是自己的计算机提示错误的窗口或者以为这是一个正常的弹出式广告，因此单击了这个窗口。

2.5 防范行之有道

安全防范的原则为"有理、有效、有度"。简单来说，在现实生活中，我们不可能为了得到 100 元的财产而投入 10000 元的保护措施。无论对于个人还是企事业单位，都需要关注如何进行有效的安全防范。

1. 个人需要关注的方面

（1）使用安全软件，检测系统风险。

（2）使用杀毒软件，定期扫描全盘。

（3）及时更新补丁、升级软件。

（4）内外网隔离使用。

（5）移动办公终端设备专用。

（6）不要忽略密码。

（7）加密重要文件。

（8）确保密码安全。密码设定原则为：

① 长度在 8 位以上；

② 大写字母、小写字母、数字、特殊字符，包含 3 种以上；

③ 定期更换（建议 90 天）；

④ 不要通用各账号和密码；

⑤ 尽量不要以电话号码、亲友生日等作为密码。

（9）谨慎使用无线网络。

① 谨慎使用不加密的无线网络和众人皆知的密码的加密无线网络。

② 尽量不在无线网络中进行账户登录等操作。

③ 警惕无线网络非正常掉线等异常状况。

（10）谨慎使用网盘、离线传送等云端存储服务发送敏感文件。

① 不要将链接泄露给其他人。

② 不要将敏感文件泄露给云服务提供商。

③ 谨慎收藏、转存、分享。

④ 不要忽略云端漏洞。

（11）养成"脱密"习惯。

传送、上传、复制文件之前要养成对文件中的敏感信息进行脱密的习惯。

（12）要妥善处理包含敏感信息的纸张。

① 要妥善处理快递底单、银行小票、签购单、各种证件的复印件、火车票、机票等。

② 要妥善处理含有敏感信息的废纸。

③ 要妥善处理与工作有关的过期文件。

2. 企事业单位需要关注的方面

信息安全只是安全团队的事情吗？显然不是！信息安全与企业中每一位员工密切相

关。信息安全工作需要每一位员工的支持和参与。

（1）确定企业级核心信息资产

① 明确核心信息资产有哪些？客户信息，公司战略，财务报告，知识产权？

② 对公司信息资产划分安全等级，并设定访问权限和访问记录。

（2）确定风险承受的底线

① 业务中断的最短时间。

② 允许公开的文档密级。

③ 应当关注的法律法规。

④ 能够承受的风险程度。

⑤ 安全损失的最小期望。

⑥ 其他底线。

（3）明确安全建设的主要目标

① 保障业务的连续运行。

② 维持公司的核心竞争力。

③ 免受法律法规的责罚。

④ 维护公司的品牌形象。

⑤ 其他目标。

（4）建设和发展信息安全团队

① 确定安全团队的规模和职能。

② 明确信息安全团队的主管和责任。

③ 为安全团队的活动提供支撑。

④ 其他需要明确的事项。

（5）为信息安全建设提供资金

Chapter 3
第 3 章

网络安全法律法规体系及等级划分

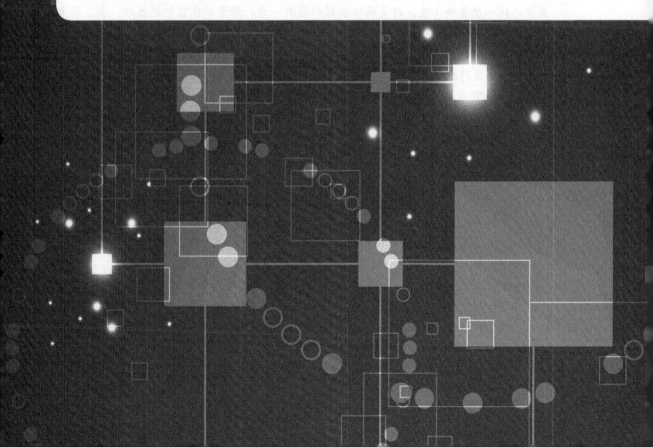

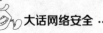

秦朝是中国历史上第一个统一的中央集权的封建王朝，秦王嬴政用了近10年的时间完成了统一天下的大业，将都城设在咸阳。秦朝的统一将全国各地连成一片。

嬴政认为自己的功劳很大，若只是称王，并不足以显示自己的成功，也不能使自己的英明流芳百世，于是他把传说中的"三皇五帝"称号中的"皇"和"帝"结合起来，以"皇帝"二字作为自己的称号。从此，秦王嬴政自称"始皇帝"，希望继位者依次为二世、三世……直至千秋万世。

秦始皇意识到，想要使国家长治久安，就必须制定一整套维护皇帝至高无上地位的制度，如朝议制度、文书制度，此外还有服装制度、宫室制度、祭祀制度等。这些制度的制定有力地维护了中央集权的统治。

秦始皇在巩固中央集权统治、维护统一局面的过程中，越来越认识到货币、文字等的不统一所带来的不便，制约着社会生产力的发展。于是在经济、文化等方面进行了一些重大的改革。

首先，统一文字。春秋战国时期，由于长期分裂，各国常常会出现同一个字在不同的国家有不同写法的情况。这种情况不仅阻碍文化的发展，还不利于秦始皇政令的传达。于是，秦始皇接受了李斯的建议，废除了除秦国以外的各国文字，又命李斯在秦国文字的基础上制定小篆，统一了全国文字。文字统一后皇帝的政令得到了有效传达。

其次，统一度量衡（度，计量物体长短的器具；量，计量物体容积的器皿；衡，计量物体轻重的工具）。不同国家、不同地方的尺度、长短不一，为了不影响全国的商品交换和经济的发展，秦始皇下令以秦国原来的度量衡作为全国通行的标准。有了统一的度量衡，日常的商品交易变得公平、公正。

最后，统一货币。战国时期各国的货币制度不一，货币的形状、大小等都各不相同。有的国家甚至地方也可以自己铸造货币。秦始皇统一六国后，规定由国家统一铸造货币，废除原来六国的各种货币，统一使用两种货币：一种是黄金，另一种是圆形方孔的铜钱。货币的统一更加方便了人们的生活，从而也推动了经济的发展。

秦始皇不但实行"书同文，车同轨"，还统一了法律。同时，在军事上，为了阻止匈奴进犯，秦始皇征集了大量民夫，把以前燕、赵、秦三国修筑的长城连接了起来，号称万里长城。万里长城有力地遏止了匈奴人南下，也是中华灿烂文明的象征之一。

秦王朝虽然只存在了14年，但秦始皇统一了六国，统一了文字、度量衡、货币、法律及思想，修筑了长城，对中国和世界的历史产生了深远的影响。

从秦始皇治国这个故事中我们可以悟出一个道理：国有国法，家有家规。这与国家治理一样，在网络空间里，也应有相应的法律政策体系和标准体系来维护网络空间秩序。标准体系就好比2000多年前秦始皇统一文字、统一度量衡、统一货币的制度一样，便于网络空间的管理。

法律政策体系为标准体系的制定提供了法律依据，网络安全标准的制定必须遵循法律、政策体系的相关要求，两者共同形成我国网络安全制度体系。

3.1　网络安全法律政策体系

根据我国的立法体系，网络安全立法体系框架分为 3 个层次，具体如下。

第一层：法律。

第二层：行政法规。

第三层：规范性文件和地方性法规。

法律是指由全国人民代表大会及其常务委员会审议通过的法律规范。与网络安全相关的主要法律包括《中华人民共和国宪法》《中华人民共和国刑法》《中华人民共和国国家安全法》《中华人民共和国网络安全法》《中华人民共和国密码法》《中华人民共和国保守国家秘密法》《中华人民共和国电子签名法》等。

行政法规是指国务院为领导和管理国家各项行政工作，根据宪法和法律而制定的法律规范。与网络安全相关的行政法规包括《中华人民共和国计算机信息系统安全保护条例》《中华人民共和国计算机信息网络国际联网管理暂行规定》《计算机信息网络国际联网安全保护管理办法》《商用密码管理条例》《互联网信息服务管理办法》《计算机软件保护条例》等。

规范性文件是指各级机关、团体、组织制发的各类文件中的最主要的一类，因其内容具有约束和规范人们行为的性质，故称为规范性文件。地方性法规是指法定的地方国家权力机关依照法定的权限，在不同宪法、法律和行政法规相抵触的前提下，制定和颁布的在本行政区域范围内实施的规范性文件。与网络安全相关的规范性文件和地方性法规包括《计算机信息系统安全专用产品检测和销售许可证管理办法》《计算机病毒防治管理办法》《计算机信息系统保密管理暂行规定》《计算机信息系统国际联网保密管理规定》《广东省计算机信息系统安全保护管理规定》等。

我国信息安全行业受到多个部门的监督管理，包括国家互联网信息办公室、工业和信息化部、国家发展和改革委员会、公安部、国家保密局、国家密码管理局、国家版权局等。其中国家发展和改革委员会、工业和信息化部主要负责产业政策的研究制定、行业的管理与规划等；公安部主管全国计算机信息系统的安全保护工作；国家保密局负责管理和指导保密技术工作，负责办公自动化和计算机信息系统的保密管理，指导保密技术产品的研制和开发应用，对从事涉密信息系统集成的企业资质进行认定；国家密码管理局主管全国商用密码的管理工作，包括认定商用密码产品的科研、生产、销售单位，批准生产的商用密码产品的品种和型号等。表 3.1 列举了与网络安全行业相关的主要法律法规、政策，供读者参考。

表 3.1　与网络安全行业相关的主要法律法规、政策

生效时间	文件名称	发布单位	主要内容
2020.01.01	《中华人民共和国密码法》	全国人民代表大会常务委员会	规范密码的应用和管理，促进密码事业的发展，保障网络与信息安全，提升密码管理科学化、规范化、法治化水平，是我国密码领域的综合性、基础性法律
2019.10.01	《儿童个人信息网络保护规定》	国家互联网信息办公室	为保护儿童个人信息安全，促进儿童健康成长而制定的法规
2019.02.01	《公安机关办理刑事案件电子数据取证规则》	公安部	规范公安机关办理刑事案件电子数据取证工作，确保电子数据取证质量，提高电子数据取证效率
2018.03.23	《网络安全等级保护测评机构管理办法》	公安部	加强对网络安全等级测评机构的管理，规范等级测评行为，提高等级测评能力和服务水平
2018.01.01	《公共互联网网络安全威胁监测与处置办法》	工业和信息化部	积极应对严峻、复杂的网络安全形势，进一步健全公共互联网络安全威胁监测与处置机制，维护公民、法人和其他组织的合法权益，根据《中华人民共和国网络安全法》等有关法律法规制定
2017.06.01	《中华人民共和国网络安全法》	全国人民代表大会常务委员会	保障网络安全，维护网络空间主权和国家安全、社会公共利益、保护公民、法人和其他组织的合法权益，促进经济社会信息化建设健康发展
2012.12.28	《关于加强网络信息保护的决定》	全国人民代表大会常务委员会	全国人民代表大会常务委员会为了保护网络信息安全，保障公民、法人和其他组织的合法权益，维护国家安全和社会公共利益，特作此决定
2011.09.29	《关于加强工业控制系统信息安全管理的通知》	工业和信息化部	充分认识加强工业控制系统信息安全管理的重要性和紧迫性；明确重点领域工业控制系统信息安全管理要求
2011.01.08	《中华人民共和国计算机信息系统安全保护条例》	国务院	保护计算机信息系统的安全，促进计算机信息系统的应用和发展，保障社会主义现代化建设的顺利进行
1997.12.30	《计算机信息网络国际联网安全保护管理办法》	公安部	加强对计算机信息网络国际联网的安全保护，维护公共秩序和社会稳定

续表

生效时间	文件名称	发布单位	主要内容
2010.03.12	《关于推动信息安全等级保护测评体系建设和开展等级测评工作的通知》	公安部	确定开展信息安全等级保护测评体系建设和等级测评工作的目标、内容、工作要求
2009.10.27	《关于开展信息安全等级保护安全建设整改工作的指导意见》	公安部	明确非涉及国家秘密信息系统开展安全建设整改工作目标、内容、流程和要求等
2008.08.06	《关于加强国家电子政务工程建设项目信息安全风险评估工作的通知》	国家发展和改革委员会、公安部、国家保密局	要求非涉密国家电子政务工程建设项目开展等级测评和信息安全风险评估需按照《信息安全等级保护管理办法》进行，明确项目验收条件：一是公安机关的信息系统安全等级保护备案证明；二是等级测评报告和风险评估报告
2007.10.26	《信息安全等级保护备案实施细则》	公安部	规范公安机关受理网络运营者信息系统备案工作流程、审核等内容，并附带有关法律文书，指导各级公安机关受理信息系统备案工作
2007.07.16	《关于开展全国重要信息系统安全等级保护定级工作的通知》	公安部、国家保密局、国家密码管理局、国务院信息化办公室	在全国范围内开展信息系统安全等级保护定级工作，标志着全国信息安全等级保护工作全面开展
2007.06.22	《信息安全等级保护管理办法》	公安部、国家保密局、国家密码管理局、国务院信息化工作办公室	信息安全等级保护的基本内容、流程及工作要求，信息系统定级、备案、安全建设整改、等级测评的实施管理，以及信息安全产品和测评机构的选择等，为开展信息安全等级保护工作提供了规范保障
2004.09.15	《关于信息安全等级保护工作的实施意见》	公安部、国家保密局、国家密码管理局、国务院信息化工作办公室	贯彻落实信息安全等级保护制度的基本原则、信息安全等级保护工作的基本内容、要求和实施计划，以及各部门工作职责分工等
2023.04.27	《商用密码管理条例》	国务院	国家对商用密码产品的科研、生产、销售和使用实行专控管理
1997.12.12	《计算机信息系统安全专用产品检测和销售许可证管理办法》	公安部	为了加强计算机信息系统安全专用产品的管理，保证安全专用产品的安全功能，维护计算机信息系统的安全

在这些法律法规中,《中华人民共和国网络安全法》是我国第一部全面规范网络空间安全管理方面的基础性法律,是我国网络空间法治建设的重要里程碑,是依法治网、化解网络风险的法律重器,是互联网在法治轨道上健康运行的重要保障。《中华人民共和国网络安全法》将近几年的一些成熟的做法制度化,并为将来可能的制度创新做了原则性规定,为网络安全工作提供了切实的法律保障。

3.2 网络安全等级保护标准体系

20 多年来,公安部牵头组织国内专家、企业制定了一系列网络安全等级保护标准,形成了网络安全等级保护的标准体系,为我国网络安全等级保护工作的实施提供了标准依据。

网络安全等级保护标准体系由等级保护过程中所需的所有标准组成,整个体系可以从多个维度分析。网络安全等级保护标准从基础分类角度出发,可以分为产品类标准、技术类标准和管理类标准;从对象角度出发,可以分为基础标准、系统标准、产品标准、安全服务标准和安全事件标准等;从等级保护生命周期角度出发,可以分为通用 / 基础类标准、系统定级标准、建设标准、等级测评标准、运行维护标准及其他类标准。本书作为信息安全科普书,从等级保护生命周期的角度对网络安全等级保护相关的主要标准进行梳理,便于读者理解。

1. 通用 / 基础类标准

(1)《计算机信息系统安全保护等级划分准则》(GB 17859—1999)

《计算机信息系统安全保护等级划分准则》是强制性国家标准,也是等级保护的基础标准,我国以此为基础制定了网络安全等级保护技术类、管理类和产品类等标准,该标准是其他相关标准制定的基石。

(2)《信息安全技术 网络安全等级保护实施指南》(GB/T 25058—2019)

2019 年更新的《信息安全技术 网络安全等级保护实施指南》是网络安全等级保护 2.0 核心标准之一。本标准说明了等级保护实施的基本原则、参与角色,以及在信息系统定级、总体安全规划、安全设计与实施、安全运行与维护、信息系统终止等主要阶段应按照网络安全等级保护政策、标准要求实施的等级保护工作内容。

2. 系统定级标准

(1)《信息安全技术 网络安全等级保护定级指南》(GB/T 22240—2020)

该标准是《信息安全技术 信息系统安全等级保护定级指南》(GB/T 22240—2008)的替代标准,给出了非涉及国家秘密的等级保护对象的安全保护等级定级方法和定级流程。该标准适用于指导网络运营者开展非涉及国家秘密的等级保护对象的定级工作。

（2）《信息安全技术 网络安全等级保护定级指南》（GA/T 1389—2017）

信息系统定级是等级保护实施的首要环节，该标准综合考虑等级保护对象在国家安全、经济建设、社会生活中的重要程度，以及等级保护对象遭到破坏后对国家安全、社会秩序、公共利益及公民、法人和其他组织合法权益的危害程度等因素，确定等级保护对象安全保护等级的方法。该标准为公共安全行业标准，对《信息安全技术 信息系统安全等级保护定级指南》（GB/T 22240—2008）进行了修改及完善，将"信息系统安全破坏后，会对公民、法人和其他组织的合法权益造成特别严重损害"调整到第三级；增加了云计算平台、大数据平台、物联网、工业控制系统、大数据的安全等级定级方法。

3．建设标准

（1）《信息安全技术 网络安全等级保护基本要求》（GB/T 22239—2019）

2019 年更新的《信息安全技术 网络安全等级保护基本要求》是网络安全等级保护 2.0 的核心标准之一。该标准在网络等级保护制度中非常关键，被广泛应用于各个行业开展网络安全等级保护的等级测评、建设工作中。该标准的主要内容包括网络安全等级保护对象的安全通用要求、云计算安全扩展要求、移动互联安全扩展要求、物联网安全扩展要求和工业控制系统安全扩展要求。

（2）《信息安全技术 网络安全等级保护安全设计技术要求》（GB/T 25070—2019）

2019 年更新的《信息安全技术 网络安全等级保护安全设计技术要求》是网络安全等级保护 2.0 的核心标准之一。该标准针对等级保护对象，突出安全计算环境设计技术要求、安全区域边界设计技术要求、安全通信网络设计技术要求、安全管理中心设计技术要求。针对无线移动接入、云计算、大数据、物联网和工业控制系统等新技术、新应用领域增加相应的安全设计要求等内容。

（3）《信息安全技术 信息系统安全管理要求》（GB/T 20269—2006）

该标准对信息和信息系统的安全保护提出分等级安全管理的要求，阐述了安全管理要素及其强度，并将管理要求落实到信息安全等级保护所规定的 5 个等级上，有利于对安全管理的实施、评估和检查。

（4）《信息安全技术 信息系统安全工程管理要求》（GB/T 20282—2006）

该标准规定了信息系统安全工程的管理要求，是信息安全工程中所涉及的需求方、实施方及第三方进行工程实施的指导性文件，各方可根据此文件建立安全工程管理体系。

4．等级测评标准

（1）《信息安全技术 网络安全等级保护测评要求》（GB/T 28448—2019）

2019 年更新的《信息安全技术 网络安全等级保护测评要求》是网络安全等级保护 2.0 的核心标准之一。该标准依据《信息安全技术 网络安全等级保护基本要求》规定了网络进行等级保护测评的要求和方法，用于规范和指导测评人员的等级测评活动。

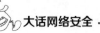
（2）《信息安全技术 网络安全等级保护测评过程指南》（GB/T 28449—2018）

该标准以测评机构对第三级网络的首次等级测评活动过程为主要线索，定义等级测评的主要活动和任务，包括测评准备活动、方案编制活动、现场测评活动、报告编制活动4项工作，为等级测评机构、网络运营者的等级测评工作提供指导。

5．运行维护标准及其他类标准

（1）《信息技术 安全技术 信息安全事件管理指南》（GB/Z 20985—2007）

该指导性文件描述了信息安全事件管理全过程；提供了规划和制定信息安全事件管理策略和方案的指南；给出了管理信息安全事件和开展后续工作的相关过程和规程。

（2）《信息安全技术 信息安全事件分类分级指南》（GB/Z 20986—2007）

该指导性技术文件为信息安全事件的分类、分级提供指导，用于信息安全事件的防范与处置，为事前准备、事中应对、事后处理提供一个基础指南。

（3）《信息安全技术 信息系统灾难恢复规范》（GB/T 20988—2007）

该标准规定了信息系统灾难恢复应遵循的基本要求，可用于指导信息系统的灾难恢复的规划和实施工作，也可用于信息系统灾难恢复项目的审批和管理。

（4）《信息安全技术 信息安全风险评估规范》（GB/T 20984—2007）

该标准提出风险评估的基本概念、要素关系、分析原理、实施流程和评估方法，以及风险评估在信息系统生命周期不同阶段的实施要点和工作形式。该标准适用于规范组织开展的风险评估工作。

（5）《信息安全技术 信息系统物理安全技术要求》（GB/T 21052—2007）

该标准规定了信息系统物理安全的分级技术要求；适用于按《计算机信息系统安全保护等级划分准则》（GB 17859—1999）的要求所进行的等级化的信息系统物理安全的设计和实现。按《计算机信息系统安全保护等级划分准则》（GB 17859—1999）的安全保护等级的要求对信息系统物理安全进行的测试、管理可参照使用该标准。

（6）《信息安全技术 网络基础安全技术要求》（GB/T 20270—2006）

该标准根据《计算机信息系统安全保护等级划分准则》（GB17859—1999）的5个安全保护等级划分以及网络系统中的作用，规定各个安全等级的网络系统所需要的基础安全技术要求。该标准适用于按等级化的要求进行的网络系统的设计和实现，按等级化要求进行的网络系统安全的测试和管理可参照使用。

受篇幅限制，本书未罗列所有的网络安全标准，读者可查阅相关网站。

网络安全等级保护相关标准体系架构如图3.1所示。

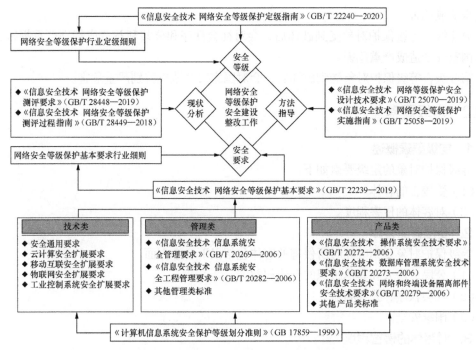

图 3.1　网络安全等级保护相关标准体系架构

 ## 3.3　网络安全等级划分

3.3.1　安全保护等级

正如前面所说的，在现实生活中人们不可能为 100 元的财产采取投入 10000 元的保护措施，那么在网络空间里，也需要根据实际情况进行相应等级的防护。考虑到等级保护对象在国家安全、经济建设、社会生活中的重要程度，以及一旦遭到破坏、丧失功能，或者数据被篡改、泄露、丢失、损毁后，对国家安全、社会秩序、公共利益及公民、法人和其他组织的合法权益的侵害程度等因素，等级保护对象的安全保护等级被分为以下 5 级。

第 1 级，等级保护对象受到破坏后，会对相关公民、法人和其他组织的合法权益造成一般损害，但不危害国家安全、社会秩序和公共利益。

第 2 级，等级保护对象受到破坏后，会对相关公民、法人和其他组织的合法权益造成严重损害或特别严重损害，或者对社会秩序和公共利益造成危害，但不危害国家安全。

第 3 级，等级保护对象受到破坏后，对社会秩序和公共利益造成严重危害，或者对国

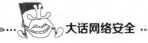
家安全造成危害。

第4级，等级保护对象受到破坏后，会对社会秩序和公共利益造成特别严重损害，或者对国家安全造成严重危害。

第5级，等级保护对象受到破坏后，会对国家安全造成特别严重危害。

3.3.2　定级要素

1．定级要素概述

等级保护对象的定级要素如下。

（1）受侵害的客体。

（2）对客体的侵害程度。

2．受侵害的客体

等级保护对象受到破坏时所侵害的客体包括以下3个方面。

（1）公民、法人和其他组织的合法权益。

（2）社会秩序、公共利益。

（3）国家安全。

3．对客体的侵害程度

对客体的侵害程度由客观方面的不同外在表现综合决定。由于对客体的侵害是通过对等级保护对象的破坏实现的，因此，对客体的侵害外在表现为对等级保护对象的破坏，通过侵害方式、侵害后果和侵害程度加以描述。

等级保护对象受到破坏后对客体造成侵害的程度可以归结为以下3种。

（1）造成一般损害。

（2）造成严重损害。

（3）造成特别严重损害。

4．定级要素与安全保护等级的关系

定级要素与安全保护等级的关系如表3.2所示。

表3.2　定级要素与安全保护等级的关系

受侵害的客体	对客体的侵害程度		
	一般损害	严重损害	特别严重损害
公民、法人和其他组织的合法权益	第1级	第2级	第3级
社会秩序、公共利益	第2级	第3级	第4级
国家安全	第3级	第4级	第5级

Chapter 4

第 4 章

网络安全支撑技术

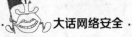

在第二次世界大战中，在日军偷袭珍珠港得手后，日本海军联合舰队司令长官山本五十六决定再偷袭中途岛。

他派出 4 艘先锋航母，航母指挥官们踮起脚尖，举起望远镜，在争相脑补美军被打得措手不及的画面时，美军轰炸机突然从云里穿出，遮住了天空。

日军被美军打了个措手不及，几百架战机还没来得及起飞，就被闷死在甲板上。

10 分钟内，先锋航母全部喷火，王牌飞行员们直到被烤焦也没想到，美国人早就截获了他们的偷袭情报。

是谁走漏了风声？这还得从密码技术说起。

4.1 密码技术

4.1.1 对称加密的软肋

日军通信密码以复杂而闻名，由 10000 个 5 位数组成，而且，在太平洋战争期间升级 12 次，看似牢不可破，却难挡百密一疏。

这是因为美军击沉过一艘日本潜艇，从船舱里捞出来一个密码本，密码本中记满密语，美军由此破解了日军 80% 的密电，通过破译的密电得知：山本五十六正计划偷袭 AF，但 AF 究竟在哪里呢？

美军翻到珍珠港被袭前夜的电报，山本五十六要求日本战机从马绍尔群岛出发，注意避开 AF 的空中侦察。

从地图上看，AF 只能是中途岛。

为证实猜想，中途岛的美军用明文发电报假称"淡水设备故障"，日军截获情报后，扭头给主力部队发电报："带上淡水净化器，因为 AF 淡水匮乏。"美军截获消息后，确认 AF 就是中途岛。

最终，山本五十六的全部机密像 X 光片一样，摊在美国总统罗斯福的办公桌上，美国未战先胜。

现实战场的赢家，无一不是信息战场的胜者。就在同时，英国破译出德军的密码，加速了第二次世界大战的结束。

第二次世界大战时期，起决定性作用的家当不是飞机、不是航母，而是密码本。当守护机密的重担全压在密码本上时，却没有相应措施能守护密码本本身，这就是对称加密的软肋。

然而第二次世界大战之后就少有密码被破译的事件发生，特别是 20 世纪 80 年代美苏冷战期间，两国都费尽心机破译对方密电，最后却都竹篮打水一场空。

为什么会这样？这要从非对称加密的鼻祖 RSA 算法说起。

4.1.2 RSA 算法

1977 年，李维斯特（Rivest）、萨莫尔（Shamir）和阿德曼（Adleman）3 位教授用名字的首字母命名了一种新算法——RSA 算法，它居然不需要密码本，这在当时就像吃饭不需要碗筷刀叉一样稀奇。

为什么会那样稀奇？关键在于在 RSA 算法中密码本被拆分成公钥和私钥。公钥公开，用来加密；私钥私藏，用来解密。

RSA 算法的原理很简单，但在介绍之前要先回忆 3 个数学概念，分别为质数、互质和取模。

质数：在大于 1 的自然数中，只能被它本身和 1 整除的自然数。例如，2、3、5、7、11、13、17……这也就是说，质数不可以分解成两个自然数的乘积。

互质：公约数只有 1 的两个正整数，如 7 和 36 互质。

取模：即求除法中的余数，运算符是 mod，如 $7 \div 2 = 3$ 余 1，所以，$7 \bmod 2 = 1$。

在 RSA 算法中，可以通过以下 4 步来设定密钥（公钥和私钥）。

（1）找两个质数 P 和 Q，P 和 Q 相乘得到 Max，即 Max=$P \times Q$。

（2）把两个质数分别减 1，相乘得到 M，即 $M=(P-1) \times (Q-1)$。

（3）找一个正整数 E，使 E 与 M 互质，且 $E < M$。

（4）找一个正整数 D，使 $D \times E$ 除以 M 余 1，即 $(D \times E) \bmod M=1$。

E 是公钥，加密就是让原文自乘（$E-1$）次，得到密文。

D 是私钥，解密就是让密文自乘（$D-1$）次，得到原文。

挑选两个质数，如 P=5，Q=17。

Max = $P \times Q$=85。

$M = (P-1) \times (Q-1)$=64。

随机选公钥 E=7，因为 7 与 64 互质，且 7 小于 64。

找到私钥 D=55，因为 $7 \times 55 \bmod 64 = 1$。

如果想把字符 F 传给朋友，怎么加密才能抵抗破解？字符 F 在 ASCII 码中对应的数字是 70，加密原理很简单。把原文 70 自乘 6 次（$E-1$ 次），注意，当自乘结果超过 Max（Max = 85）时，需将结果取模后再乘。

演示如下。

原文 70 自乘第 1 次：

70×70=4900 > 85；

所以，4900 mod 85=55。

取上一步的结果 55 自乘第 2 次：

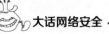

55×70=3850 > 85；

所以，3850 mod 85=25。

自乘第 3 次：

25×70=1750 > 85；

所以，1750 mod 85=50。

自乘第 4 次：

50×70=3500 > 85；

所以，3500 mod 85=15。

自乘第 5 次：

15×70=1050 > 85；

所以，1050 mod 85=30。

自乘第 6 次：

30×70=2100 > 85；

所以，2100 mod 85=60。

自乘 6 次之后，加密结束，得到密文 60。查 ASCII 码表，60 对应 "<"，把 "<" 发出去，即使被截获，也不会泄露信息，因为对方没有私钥，无法解密。

那么，掌握私钥的人如何解密？

很简单，类似于加密，解密是用密文 60 自乘 54 次（D−1 次），但每次相乘结果超过 Max 时，需取模后再乘。

密文 60 自乘第 1 次：

60×60=3600 > 85；

所以，3600 mod 85=30。

取上一步结果 30 自乘第 2 次：

30×60=1800 > 85；

所以，1800 mod 85=15。

自乘第 3 次：

15×60=900 > 85；

所以，900 mod 85=50。

自乘第 4 次：

50×60=3000 > 85；

所以，3000 mod 85=25。

自乘第 5 次：

25×60=1500 > 85；

所以，1500 mod 85=55。

自乘第 6 次：

55×60=3300 > 85；

所以，3300 mod 85=70。

自乘第 7 次：

70×60=4200 > 85；

所以，4200 mod 85=35。

自乘第 8 次：

35×60=2100 > 85；

所以，2100 mod 85=60。

自乘第 9 次：

60×60=3600 > 85；

所以，3600 mod 85=30。

我们发现，从第 9 次开始重复第 1 次结果：

自乘第 10 次：15。

自乘第 11 次：50。

自乘第 12 次：25。

自乘第 13 次：55。

自乘第 14 次：70。

自乘第 15 次：35。

自乘第 16 次：60。

自乘第 17 次：30。

自乘第 18 次：15。

自乘第 19 次：50。

自乘第 20 次：25。

自乘第 21 次：55。

自乘第 22 次：70。

自乘第 23 次：35。

自乘第 24 次：60。

　　　　……

自乘第 49 次：30。

自乘第 50 次：15。

自乘第 51 次：50。

自乘第 52 次：25。

自乘第 53 次：55。

自乘第 54 次：70。

解密完成，70 就是原文。

从上述情形发现，解密过程出现 6 道轮回，实际只有 8 种可能，而且存在密文与原文相同的情形（共 7 次），那是因为所用的质数偏小，分别为 5 和 17，在现实中所用的质数比较大。

P=338849583746672139436839320467218152281583036860499304808492584055528117

Q=11658823406671259903148376558383270818131012258146392600439520994131344334162924536139

Max=$P×Q$=39505874583265144526419767800614481996020776460304936454139376051579355626529450683609727842468219535093544305870490251995655335710209799226484977949442955603

选用大质数后，解密过程将出现超千亿种的可能性，破解者发现规律的概率极小。

另外，破解密文的唯一方式是破解密钥，而 Max 和公钥是公开信息，于是破解私钥唯一的方法是从 Max 中分解出 P 和 Q。

已知 P 和 Q，计算乘积，普通计算机一瞬间就能算出 Max，可如果想把 Max 分解成 P 和 Q，普通计算机需要耗费很长时间。

我国计算速度最快的超级计算机神威·太湖之光，装备 40960 个处理器，它的占地面积相当于一栋别墅的占地面积，想要分解 1 个 200 位数字，至少需要耗费 1000 年。

正算容易倒推难。密码学上有一种概念叫陷门函数，是非对称加密安全性的根基。陷门函数像是火车站出站口的单向旋转门：出门容易，但想进来，那只有把门拆了，如图 4.1 所示。

RSA 算法是古典和现代加密技术的分水岭，它的诞生堪称历史性突破，但随着历史的发展，RSA 算法的缺陷也开始显露出来。例如，有些算法能拆分特定的大数，所以为求安全，用户会选用更大的质数，这样，密钥长度会被拉长，最终加解密的速度也会变慢。

图 4.1　火车站的单向旋转门

用户陷入两难。拉长密钥的做法不便捷,不拉长密钥又不够安全。总得有一种更出彩的算法,才能更好地解决问题。

于是,又诞生了一种新算法——椭圆曲线密码体制。

4.1.3　椭圆曲线密码体制

椭圆曲线密码体制即 ECC,1985 年由 Koblitz 和 Miller 两位教授提出,被公认为当今世界最强的通用加密法。

和 RSA 一样,ECC 的原理也是非对称加密,即公钥加密,私钥解密。但两者生成公钥和私钥的机制不同,与 RSA 相比,ECC 更安全、更便捷。

这是为什么呢?下面从一个方程说起。

$y^2 = x^3 + ax + b$(a 和 b 是常数)

即使没在教科书里见过,也不必害怕,只要画出来,就会发现这个方程的图像像一只章鱼,如图 4.2 所示。章鱼的轮廓就是椭圆曲线,它的身体沿 x 轴对称,而且,任何竹签直插上去和章鱼轮廓最多有 3 个交点。

如果查一下资料,就会发现无数的 ECC 公式,看起来艰涩难懂,但它的本质像一局台球游戏,只是台球的弹射规律有点儿奇怪。

在椭圆曲线上任选一点 A 开球。

(1)台球被打向 B 点,弹往另一交点,再折向交点与 x 轴的对称点 C,如图 4.3 所示。

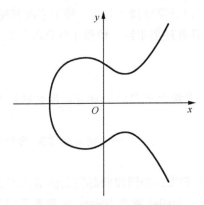

图 4.2　椭圆曲线密码体制 1

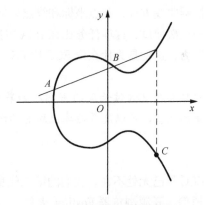

图 4.3　椭圆曲线密码体制 2

(2)台球到达 C 点后会弹向 A 点,途经曲线交点时,球会折向交点的对称点 D,如图 4.4 所示。

(3)台球到达 D 点后会沿 AD 方向,折向曲线与直线的另一交点,接着弹到交点的对

称点 E，如图 4.5 所示。

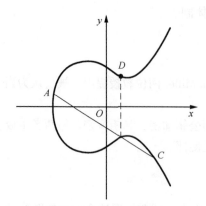

图 4.4　椭圆曲线密码体制 3

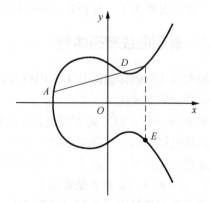

图 4.5　椭圆曲线密码体制 4

台球叮叮咚咚弹了 n 次后，停在终点。

如果知道起点坐标和撞击次数 n，就能算出终点坐标。可是，如果知道起点坐标和终点坐标，那么能否算出撞击次数 n 呢？真的没法算。

撞击次数 n 就是私钥，一个用户自己选的超大整数。台球撞击 n 次停下，而终点坐标相当于公钥。如果想再做一个公钥，只要改变起点坐标即可。

椭圆曲线方程、起点坐标和终点坐标完全公开，但计算球撞了几次才停下来没有捷径、只能一次次地试，这项任务比在 RSA 中拆分 Max 的任务还要艰巨，给量子计算机带来了巨大的压力，这就是为什么说 ECC 比 RSA 更安全。

同样面对 228 位长度的密钥，如果破解 RSA 需要烧开一勺水的能量，那么破解 ECC 所需要的能量，足以烧开地球上所有的水。

——德国数学家 伦斯特拉

ECC 早已无处不在。我们的第二代身份证都基于 ECC，美国政府部门也使用 ECC 加密内部通信，开源浏览器 Foxfire(火狐)、谷歌 Chrome，Apple(苹果)iMessage 服务等都使用 ECC。

除此之外，匿名软件 Tor 使用 ECC 保护使用者隐私。中本聪曾经穿梭在各大论坛，但他的身份至今是谜，这归功于 Tor 软件网络底层的 ECC。而中本聪的业余小发明——比特币，也使用 ECDSA(椭圆曲线数字签名算法)，不但安全性能好，而且 ECDSA 的速度要比 RSA

算法快两个数量级。准确地说，使用 256 位的私钥的 ECDSA 要比用 2048 位的 RSA 签名算法的计算速度快 20 倍。

尽管如此，ECC 也并非完美无缺。

ECC 需要一些随机数，而随机数的产生有赖于生成器里的"种子"，曾有人爆料：美国国家安全局（NSA）曾经对随机数生成器动过手脚，使破解难度大幅降低，这样就便于特工破译采用 ECC 加密的数据。

所以，并不存在绝对安全的加密方法，如果有一种算法可以让我们安全享用 50 年，就已经足够了，至于进化中的问题，就让进化过程本身来修补吧。

4.1.4　散列算法

散列（Hash）算法也称杂凑算法或杂凑函数，从严格意义上来说，它并不算加密算法。散列算法就是一种把任意长的输入消息串变换成固定长的输出串的算法，这个过程是单向的，逆向操作难以完成，而且碰撞（两个不同的输入产生相同的杂凑值）发生的概率非常小。散列算法在信息安全领域中用于计算消息的摘要、校验消息的完整性。

一般而言，散列函数的数学表达形式如下。

$$h=\text{Hash}(m)$$

其中，h 为固定长度的输出值；m 为任意长度的输入值。任意输入值的二进制编码经过散列函数计算后，可以得出 $n$bit 的一个 0、1 字符串的散列值，在不同算法中 n 的取值可能不同，n 可能取 128、160、192、256、384 或 512 等。

散列算法的主要特性就是单向性，即在算法上，只能从输入值计算得到输出值，而从输出值计算得到输入值是不可行的。因为散列算法的输出值的长度是固定的，所以散列算法存在一个碰撞的问题，即散列算法的输出值的长度为 $n$bit，那么，任取 $2n+1$ 个不同的输入值，就一定会通过两个不同的输入值得到相同的输出值。因此，在一定数量的输入值情况下，输出值越长的散列算法，其碰撞的概率会越小。

常用的散列算法包括 MD 系列、SHA（安全散列算法）系列和 SM3 密码杂凑算法，其中 MD 系列算法有 MD2 算法、MD4 算法、MD5 算法、RIPEMD 算法等，SHA 系列算法有 SHA-0 算法、SHA-1 算法、SHA-2 算法、SHA-3 算法等。

1. MD 系列算法

MD 系列算法是一个应用非常广泛的算法集，最有名的 MD5 算法由 RSA 公司的罗纳德・林・李维斯特（Ronald L. Rivest）在 1992 年提出，目前被广泛应用于数据完整性校验、消息摘要、消息认证等。MD2 算法的运算速度较慢，但相对安全；MD4 算法的运算速度很快，但安全性有所降低。MD5 算法比 MD4 算法更安全、运算速度更快。

虽然这些算法的安全性越来越高，但这些算法均被我国密码专家王小云教授证明其实是不够安全的。MD5算法被破解后，罗纳德·林·李维斯特在2008年提出了更完善的MD6算法，但MD6算法并未得到广泛使用。

MD5算法的设计采用了密码学领域的Merkle-Damgard构造法，这是一类采用抗碰撞的单向压缩函数来构造散列函数的通用方法。MD5算法的基本原理是将数据信息压缩为128bit来作为信息摘要，首先将数据填充至512bit的整数倍，并将填充后的数据进行分组，然后将每一分组划分为16个32bit的子分组，该子分组经过特定算法计算后，输出结果是4个32bit的分组数据，最后将这4个32bit的分组数据级联，生成一个128bit的散列值，即为最终计算的结果。

2. SHA系列算法

SHA是美国国家标准与技术研究院（NIST）发布的国家标准，该标准涉及SHA-1算法、SHA-224算法、SHA-256算法、SHA-384算法和SHA-512算法的规定。

SHA-1算法、SHA-224算法和SHA-256算法适用于长度不超过264bit的消息。SHA-384算法和SHA-512算法适用于长度不超过2128bit的消息。SHA系列算法主要适用于数字签名标准（DSS）中定义的数字签名算法（DSA）。

对于长度小于264bit的消息，SHA-1算法会产生一个160bit的消息摘要。然而，SHA-1算法已被证明不具备"强抗碰撞性"。

2005年，王小云教授破解了SHA-1算法，证明了160bit的SHA-1算法只需要大约269次计算就可以发现碰撞。

为了提高安全性，NIST陆续发布了SHA-256算法、SHA-384算法、SHA-512算法及SHA-224算法，它们统称为SHA-2算法。

这些算法都是按照输出散列值的长度命名的，如SHA-256算法可将数据转换成长度为256bit的散列值。虽然SHA-2的设计原理与SHA-1算法相似，但是至今尚未出现针对SHA-2算法的有效攻击。

因此，比特币在设计之初即采用了当时被公认为最安全和最先进的SHA-256算法，除了在生成比特币地址的流程中有一个环节采用了RIPEMD160算法，其他需要进行散列运算的地方均采用了SHA-256算法或双重SHA-256算法，如计算区块ID、计算交易ID、创建地址、PoW（工作量证明算法）共识过程等。

在2006年，NIST举办了一场竞赛，旨在找到一个本质上不同于SHA-2算法的替代标准。因此，SHA-3算法应运而生，它是KECCAK散列算法的一种方案。

虽然SHA-3算法在名称上与SHA-1算法和SHA-2算法一脉相承，但是在本质上差异很大，因为它采用了一种名为海绵结构的机制。该机制使用随机排列来吸收并输出数据，同时为将来用于散列算法的输入值提供随机性。

SHA-3 算法的内部状态相较于输出值拥有更多的信息，突破了以往算法的局限性。NIST 于 2015 年正式认可了 SHA-3 算法标准。

3．SM3 密码杂凑算法

SM3 密码杂凑算法是一种密码散列函数，它基于 MD5 算法和 SHA-1 算法，由中国密码学家邓维琪教授团队提出并广泛使用，该算法于 2012 年发布为密码行业标准（GM/T 0004—2012），并在 2016 年发布为国家密码杂凑算法标准（GB/T 32905—2016）。SM3 算法可以生成一个 256 位的散列值，对于输入数据的长度没有限制，并且具有较高的安全性。

SM3 算法的执行过程主要分为三步：填充、迭代压缩和散列输出。

（1）填充：在 SM3 算法中，填充是在消息的末尾添加特定的比特串，以使消息的长度满足一定的要求。填充过程包括将一个比特"1"添加到消息的末尾，然后添加 k 个"0"，其中 k 是满足一定模运算的最小非负整数，再添加一个 64 位的比特串，表示消息的长度。经过填充后，消息的长度将变为 512 的倍数。

（2）迭代压缩：SM3 算法采用迭代压缩的方式处理填充后的消息。每次迭代包括将消息分为两个 256 位的块，并使用压缩函数对这两个块进行处理。压缩函数接受 3 个参数：前一个块的输出、当前块的输入和初始值。压缩函数将返回一个新的块，该块的输出将与下一个块的输入相连，并继续进行迭代，直到消息被完全处理。

（3）散列输出：SM3 算法执行的最后一步将生成一个 256 位的散列值。这个散列值是通过对最后一个块的输出进行一些额外的处理而得到的。

SM3 算法具有较高的安全性，被广泛应用于数字签名、数据完整性校验和身份认证等领域。

4.1.5　我国商用密码发展历史

密码的应用源于政治、经济、军事等多领域的发展，随着科学技术的发展，密码逐步经历了从"古典密码→近代密码→现代密码"这一由简到繁、由低级到高级的演变过程。古典密码阶段是指从古代密码的出现到 1949 年，这一阶段的代表密码体制有单表代换、多表代换和机械密码，主要应用于军事、政治和外交；从 1949 年香农发表《保密系统的通信理论》开始，密码发展就进入了近代密码阶段，这一阶段最大的突破是 DES（数据加密标准）的出现。1977 年，公钥密码体制被提出，密码正式进入现代密码阶段，出现了典型的公钥密码 RSA。当前，随着计算能力的不断增强，后量子密码等前沿密码技术逐步成为研究热点。

我国商用密码的发展历程始于现代密码时代。从整体来看，我国商用密码经历了起步形成、快速发展、立法规范 3 个发展阶段，如图 4.6 所示。

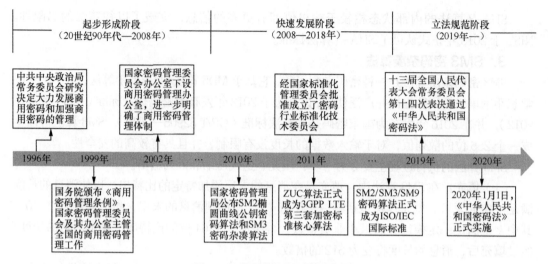

图 4.6　我国商用密码发展历程

1. 起步形成阶段

我国商用密码的起步形成阶段大致是从 20 世纪 90 年代到 2008 年。在该阶段，我国商用密码产业逐步形成，国家初步建立了商用密码的管理体制，商用密码技术、产品开始出现，商用密码技术在各个行业得到初步应用。

商用密码的应用需求起源于 20 世纪 90 年代开启的"金字"工程。正是随着一系列信息化工程的实施，国家对信息技术应用的要求不断提高，信息化成为一项全局性战略，在经济社会各个领域全面推进。在此背景下，信息安全保护的紧迫性日益凸显，商用密码的应用需求应运而生。

1996 年，中共中央政治局常务委员会研究决定，要大力发展商用密码并加强商用密码的管理。1999 年，国务院颁布《商用密码管理条例》，首次以国家行政法规的形式明确了商用密码的定义、管理机构和管理制度，规定了国家密码管理委员会及其办公室主管全国的商用密码管理工作。同时，对商用密码的科研、生产、销售、使用、安全保密等方面做出了明确规定。这是我国密码领域的第一个行政法规，标志着我国商用密码的发展和管理开始步入法治化轨道。

2002 年，中央机构编制委员会批准国家密码管理委员会办公室下设商用密码管理办公室，进一步明确了商用密码管理体制机制，为后续商用密码的发展与管理提供了重要保障。我国商用密码市场规模从 2000 年全国不足 5 亿元增长到 2002 年约 30 亿元的规模。2005 年，国家密码管理委员会办公室正式更名为国家密码管理局，并颁布了商用密码科研、生产、销售管理的规定，为加强商用密码发展和管理工作提供了保障。

2. 快速发展阶段

我国商用密码的快速发展阶段是 2008—2018 年。在该阶段，商用密码的技术标准体系逐步建立和完善，技术创新能力和产品服务能力都得到了显著提升，尤其是随着数字技术与社会经济发展的深度融合，商用密码的应用领域实现了突破性的扩展。

从发展动力来看，2008—2013 年，受电子政务、电子商务等数字经济新模式的不断带动，政务、金融等重要领域的商用密码应用需求快速增加，商用密码行业实现了快速发展。与此同时，商用密码的技术标准体系也在不断完善，自主创新能力不断增强，为商用密码产业的快速发展奠定了重要基础。

2011 年，经国家标准化管理委员会批准，密码行业标准化技术委员会正式成立，我国自主设计的商用密码算法 SM 系列和 ZUC 算法已逐步登上国际舞台。由我国密码专家王小云教授提出的密码散列函数碰撞攻击理论破解了包括 MD5 算法、SHA–1 算法在内的 5 个国际通用散列函数算法，引起了国际密码界的震动。密码芯片设计、侧信道分析等一批密码核心关键技术获得重大突破，商用密码对信息安全的支撑能力显著增强。

以 2014 年我国 4G 网络正式商用为标志，伴随着移动互联网、云计算、大数据、人工智能等新一代信息技术的不断发展，社会经济的数字化转型愈加深刻，网络信息化在快速发展的同时，也带来了突出的安全问题，尤其是网络诈骗、隐私侵犯、数据泄露等相关热点事件的不断发生，使人们对网络信息安全的重视程度逐渐提高。

我国高度重视网络空间安全，网络安全逐步上升为国家战略，这给整个商用密码产业带来了新的政策机遇。商用密码作为我国自主网络安全技术的典型代表，随着信息安全等级保护和《中华人民共和国网络安全法》的颁布实施，商用密码的检测和安全评估变得更为重要。

3. 立法规范阶段

随着 2019 年 10 月 26 日《中华人民共和国密码法》的正式发布，我国商用密码进入立法规范阶段。《中华人民共和国密码法》是我国密码领域的第一部法律，以立法的形式来明确包括商用密码在内的密码管理和应用，体现了国家对密码这一网络信息安全核心技术的高度重视，也标志着我国商用密码产业进入了新的发展阶段。

首先，《中华人民共和国密码法》顺应了全球视野下的商用密码管理变革，落实了中国密码管理职能的转变，重塑了全新的具有中国特色的商用密码管理体系。其次，《中华人民共和国密码法》的出台，对建立以商用密码从业单位为主体、以商用密码市场为导向、产学研深度融合的密码技术创新体系有重要的促进作用。再次，《中华人民共和国密码法》有利于重构我国网络空间安全新格局，助力我国在新兴信息技术领域实现"换道超车"。最后，《中华人民共和国密码法》给我国商用密码的发展带来了机遇，为以后的商用密码发展指明了方向。

4.2 身份鉴别

由于互联网开放、匿名的原则，网络上匿名人员的真实身份难以判断。尤其在严密的金融领域，明确地识别对方到底是"康帅博"还是"康师傅"，是关系到国计民生的大事。假想这样一个在银行营业大厅的场景——银行工作人员对客户说到："康师傅是吧？这里有你存的 100万，你想要怎么花呢？康帅博是吧？对不起，你不能从我这里拿走你表亲的 100 万，出门左转，慢走不送。"如图 4.7 所示。

图 4.7 "康帅博"与"康师傅"

所以，在 IT（信息技术）世界中，你必须回答这个问题：我是谁？

在现实生活中，我们识别一个人，第一次时记住他的长相、名字等，之后遇到了，在脑海中一一对应。这个过程可以说是基于一定的"特征"的识别，这种特征必须具备唯一属性。于是网络也套用了这种方法——初次见面（注册时），服务器记住用户的特征（账号和口令）。等到下次用户要上网的时候，直接使用账号和密码来让服务器对应。

可是这样一来就面临诸多问题。

首先是相当烦琐，网络中不止一个系统，每个系统都有自己的身份认证机制，那么每个用户每次访问一个系统时都得重复这个过程。

其次是对于用户而言不够安全——在现实生活中我们都有过认错人的经历。同样在网络中，普通用户要管理很多个账号和口令，如果为了方便记忆都采用相同的账号和口令，则会给黑客提供机会。A 网站被攻破后，黑客就会用用户的账户和密码去登录 B 网站——俗称"撞库"。

如果让用户在每个网站都使用不同的口令，那么很多人现在每次登录已经不是单击登录了，而是单击"找回密码"。

安全专家们也意识到了这个问题——既然在短时间内不能推翻传统的"账号和口令"验证的模式，就改良它。于是"OAuth"被研发出来。

简单地说，就是用户在 A 网站注册过，填写过个人资料，当用户要访问 B 网站的时候，不用浪费时间再注册了，直接告诉 B 网站：A 网站认可我了，它知道我是谁，所以你去问 A 网站我是谁即可！然后 B 网站就去问 A 网站：这个连账号和密码都懒得输入的用户是不是你这边的人？把他的资料给我。

这时候 A 网站就犯难了，它想：凭什么你要我的用户的资料我就得给啊，这我得问问用户。于是用户就会收到一个认证通知,如果用户单击"确定",就表示是本人让 B 网站来问资料的。A 网站就愉快地把资料给 B 网站了,如图 4.8 所示。

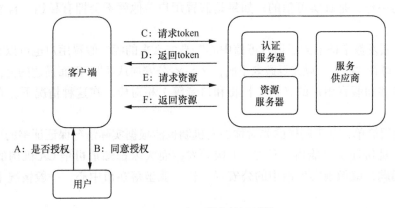

图 4.8　OAuth 用户认证过程

这个模型看起来没什么问题。可理想很丰满,现实很骨感——不是所有网站都像 A 网站和 B 网站一样支持这种身份认证方式的,尤其是在金融行业中,并且 B 网站最终拿到了用户的资料,它会在自己的系统内再新建一个用户记录,让用户再次填写一个独立的 B 网站的资料,就等于换个花样让用户再注册一次。

此外,早期负责实现这种认证方式的程序员编写代码不严谨,导致出现很多安全漏洞,如有人可以不用账号和密码就在 B 网站上登录他人账户,这给这套体系带来了不好的影响,因此这个模型目前处于一个不太受欢迎但也有部分用户在使用的状态,毕竟它只是传统身份认证体系的一个补丁。

不过,好在科学家们用数字证书帮用户解决了严重依赖安全的金融领域的身份认证问题。

4.2.1　数字证书 / 加密解密 / 公钥私钥

如果说密码学是信息安全的基石,那么数字证书就是由这些基石构建起来的坚不可摧的堡垒。在网络中,用户持有一张被可信中心(类似于网络公安局)签发的数字证书(身份证),里面有个东西叫作"公钥"(身份证号和照片)。数字证书是一个文件,和一个人的身份证一样,可以随意向他人展示,这就意味着公钥可以被任何人知道;和公钥对应的是"私钥"(长相和口音等),只有持有证书的人才能知晓。

在 4.1 节已经阐述过一串信息通过公钥加密后可以用私钥解开,同时用私钥加密的内容也可以用公钥解开,这套机制叫作非对称加密。

当服务器 A 要认证用户的时候,A 说:我让你用你的私钥加密一下"华仔帅无敌"这句话，你敢加密吗？如果是真的用户，那么他拥有私钥，自然可以加密，用户将加密后的信息传递给服务器 A，如果 A 能用公钥解开，那么自然表示这个用户的身份如同数字证书描述的一样，是真实可信的；如果是假冒用户，他就不会拥有私钥，自然不能加密信息。

然而，颁发数字证书的所谓"可信中心"是怎么来的呢？假冒用户也可以有一张数字证书，上面写着"此人乃风味豆豉老干妈，×××公安局认证"，里面描述的公钥（照片和籍贯）也能够和假冒用户的私钥（长相和口音等）相对应。在这种情况下，真正的用户该怎么办？

其实也很简单，基于同样的非对称加密机制也能根据实际情况保证证书的可靠性。例如，证书（身份证）只能由可信 CA 机构颁发，而大家都知道可信 CA 机构的公钥不存在假冒的问题，就像现实生活中的公安局一样，就坐落在市中心，一般情况下是不会走错的。

可信 CA 机构用自己的私钥给由它颁发的证书的特征值加密——这个过程称为签名，那么当判断一个证书是不是由可信 CA 机构颁发的时候，就用该机构的公钥去解密这部分签名值，如果能解开，并且解开以后的特征符合，那么这张证书就是可信的。

其实我们的身份证也是这样构成的，里面的数据资料不是随便一个 NFC 读卡器都可以读的，读卡器必须内置公安局提供的 SDK（软件开发工具包，内含公安局颁发身份证使用的加密公钥），这样才能读出正确的内容。而违法犯罪分子是没有公安局的私钥的，自然也就无法颁发真的身份证——虽然真假身份证看起来一样，但是用身份证读卡器一读便知真假。

所以，数字证书是有用的，能够确切地标注一个用户的身份。然而，它对用户而言并不够友好。没有哪个人愿意每次登录都上传自己的数字证书，并且私钥也不可能被记住，随身携带更是不太可能。此时金融领域里 U 盾的优点就体现出来了。早期我们去银行办卡，银行都会给我们一个 U 盾，而 U 盾里面就存着用户的数字证书和私钥。以前每次交易的时候，我们插上 U 盾才能交易，这就是银行的服务器在身份认证阶段的最后一道关卡。

这种在进行重要操作时使用两种以上技术来实现身份认证的方式，我们称之为"多因子认证"，常见的就是银行使用的"双因子认证"。

所以，单纯地使用数字证书来进行身份认证，也只能作为传统方式的补充。

4.2.2　生物特征识别

科学在不断发展，指纹和虹膜识别的技术能在手机上实现了。指纹和虹膜对于人们来说基本上是独一无二的，通过设备可以把指纹、虹膜甚至人脸转化为实在的数据，就像账号和密码一样，目前来看这些信息是能够承载身份认证功能的最好的载体。

回想一下，账号和密码机制与生物特征机制有什么异同点？

首先，它们确实可以作为一个人独有的"特征"，因此都可以用来进行身份认证。不同点呢？它们之间最大的不同点在于，账号和密码一旦泄露，用户可以自行修改；而一个人的生物特征数据一旦泄露，恐怕整容都无法补救！所以，一家对用户隐私负责的企业，是一定不能在服务器上存储用户的生物特征的！

这可就犯难了，不把这些信息放在服务器中，那么怎么比对特征，从而进行认证呢？

在讲这个问题之前，先介绍两个联盟——FIDO Alliance（线上快速身份认证联盟）和IFAA（互联网金融身份认证联盟），它们是由不同的硬件商、软件商组成的组织。FIDO Alliance 是国际的非营利性联盟，IFAA 由中国信息通信研究院、阿里巴巴、华为等联合发起。它们都聚焦于通过生物特征进行统一身份认证，但目前看来各有侧重。FIDO Alliance 提出的标准重点在指纹和独立硬件设备上发力，而 IFAA 重点发力于人脸和虹膜。

就拿大家比较熟悉的 FIDO Alliance 来说，对于支持指纹的设备如 iPhone、小米、华为等手机，内置了一个叫作可信执行环境（TEE）的加密芯片，这个芯片其实代表一个独立的运行环境，它与手机操作系统环境互相隔离。我们在手机里录入的指纹都是存储在这个芯片里面的。

除了存储指纹，TEE 还维护了一个和指纹模块对应的公私钥对，如果某次指纹验证通过，就允许调用接口使用私钥进行加密。所以当用户想要授权某个应用支持指纹支付的时候，会进行如下操作。

（1）开启指纹模块，调用 TEE 中指纹模块的公钥发送给服务器进行注册。

（2）使用指纹支付时，服务器返回一个随机值（Challenge），要求客户机使用指纹中的私钥对其进行签名（加密操作）。

（3）要想使用设备中的私钥，用户必须先经过指纹认证。指纹认证通过后，调用 TEE 的接口 Challenge 加密。

（4）回传加密结果，服务器用注册时的公钥解开，确认无误后表示本次身份认证通过。

这 4 个流程环环相扣，并且是基于密码学的非对称加密算法的，这要求设备、用户、用户身份三者进行强绑定。

4.3　访问控制

在信息安全管理中，身份认证的核心问题是身份管理。有了身份认证，还需要授权和审计做什么呢？其实，通过身份认证，我们只能够确认用户的身份，而对用户的操作和访问行为的把控，就是授权和审计的任务了。

我们用访问控制来实现审计和授权的任务，访问控制是按用户身份及其所归属的某项定义组来限制用户对某些信息项的访问，或限制对某些控制功能的使用的一种技术。下面探讨一下访问控制实现机制。

1．访问控制模型

在探讨访问控制机制之前，先要了解一下访问控制的场景是什么。这是理解访问控制机制的一个基础。在此，可以把访问控制模型抽象成下面的模型，具体来说就是一个主体请求一个客体，这个请求的授权由访问控制来完成，如图4.9所示。

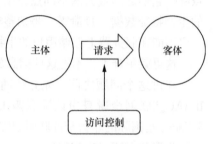

图4.9　访问控制模型

如何具体地理解这个模型呢？大家可以这样想：在用户读取文件的过程中，用户是主体，读取这个操作是请求，文件是客体，下面将进行详细介绍。

主体：请求的发起者，可以是用户，也可以是进程、应用、设备等任何发起访问请求的来源。

客体：请求的接收方，一般指某种资源。例如，某个文件、数据库，也可以是进程、设备等接收指令的实体。

请求：主体对客体进行的操作。例如，常规的读、写和执行，也可以进一步细分为删除、追加等粒度更细的操作。

2．常见的访问控制机制

访问控制机制是否对请求进行授权，决定着这个操作能否顺利地执行下去。所以了解访问控制机制至关重要。常见的访问控制机制有以下4种。

（1）自主访问控制（DAC）机制

DAC机制就是让客体的所有者来定义访问控制规则的一种机制。想象一下，读者想要从图书馆中拿走一本书。这个时候，管理员说："你经过这本书的所有人同意了吗？"这个过程就是DAC。

在DAC机制的应用中，访问控制的规则维护完全下发到了所有者手中，管理员在理论上不需要对访问控制规则进行维护。因此，DAC机制具备很高的灵活性，维护成本也很低。相对地，尽管DAC机制降低了管理员的工作难度，但是会增加整体访问控制监管的难度，以至于安全性完全取决于所有者的个人安全意识。

这么说来，DAC机制的特性其实就是将安全交到了用户手中，因此，DAC机制适合在面向用户的时候进行使用。当用户需要掌控自己的资源时，通常会采取DAC机制来完成访问控制。例如，Linux系统中采用的就是DAC，用户可以控制自己的文件能够被谁访问。

（2）基于角色的访问控制（role-BAC）机制

role-BAC 机制就是将主体划分为不同的角色，然后对每个角色的权限进行定义的一种机制。还是以图书馆为例，当读者想借书的时候，管理员说："你是学生吗？"这个过程就是 role-BAC。管理员只需要定义好每一个角色所具备的功能权限，然后将用户划分到不同的角色领域中，就完成了访问控制配置的过程。

role-BAC 机制是防止权限泛滥、实现最小特权原则的经典解决方案。试想一下，假如没有角色的概念，那么管理员需要给每一个用户都制定不同的权限方案。当用户的岗位或职责发生变更时，理论上管理员需要对这个用户的权限进行重新分配。但是，准确识别每一个用户需要哪些权限、不需要哪些权限，是一个很有挑战性的工作。如果采用了 role-BAC 机制，那么管理员只需要简单地将用户从一个角色转移到另一个角色，就可以完成权限的变更。

因此，role-BAC 机制更适合在管理员集中管理的时候使用。在这种情况下，所有的权限由管理员进行分配和变更，所以，使用 role-BAC 机制可以大大降低管理员的工作难度，提高他们的工作效率。

（3）基于规则的访问控制（rule-BAC）机制

rule-BAC 机制是制定某种规则，将主体、请求和客体的信息结合起来进行判定的一种机制。在 rule-BAC 机制中，如果读者想要在图书馆借书，管理员会说："根据规定，持有阅览证就可以借书。"

相比较来说，DAC 机制是所有者对客体制定的访问控制策略，role-BAC 机制是管理员对主体制定的访问控制策略，而 rule-BAC 机制可以说是针对请求本身制定的访问控制策略。

关于 rule-BAC 机制，有一点需要注意，需要定义"默认通过"还是"默认拒绝"，即当某次请求没有命中任何一条规则时，是应该让它"通过"还是"拒绝"它呢？这需要根据安全的需求来进行综合考量。例如，某个服务只提供了 80 端口和 443 端口的 Web 服务，那么防火墙配置的规则允许这两个端口的请求通过。对于其他任何请求，因为没有命名规则，所以全部被拒绝。这就是"默认拒绝"的策略。很多时候，为了保证更高的可用性，应用会采取"默认通过"的策略。

rule-BAC 机制适合在复杂场景下提供访问控制保护，因此，rule-BAC 机制相关的设备和技术在安全应用中最为常见。一个典型的例子就是防火墙，防火墙获取到请求的源 IP 和端口、目标 IP 和端口、协议等特征后，根据定义好的规则来判定是否允许主体访问，如限制 22 端口，以拒绝 SSH（安全外壳）的访问。同样地，应用也往往会采取风控系统对用户异常行为进行判定。

（4）强制访问控制（MAC）机制

MAC 机制是一种基于安全级别标签的访问控制策略。只看这个定义大家可能不太理解，还是用图书馆的例子来解释一下，当读者在图书馆排队借书的时候，听到管理员说："初中生不能借阅高中生的书籍。"这就是一种强制访问控制。在互联网中，主体和客体被划分为"秘密、私人、敏感、公开"这 4 个级别。MAC 机制要求为所有的主体和客体都打上对应的标签，然后根据标签来制定访问控制规则。例如，为了保证机密性，MAC 机制不允许低级别的主体读取高级别的客体、不允许高级别的主体写入低级别的客体；为了保证完整性，MAC 机制不允许高级别的主体读取低级别的客体，不允许低级别的主体写入高级别的客体。也可以这样来记：机密性不能低读、高写；完整性不能高读、低写。

MAC 机制是安全性最高的访问控制策略，但它对实施的要求也很高，需要用户对系统中的所有数据进行标记。在实际工作中，想要做到这一点并不容易。每一个应用和系统每时每刻都在不停地产生新的数据，数据也不停地在各个系统之间流转，我们需要对这些行为进行全面的把控。因此，MAC 机制通常用于政府系统，普通公司在没有过多的合规需求下，不会采用 MAC 机制。

4 种访问控制机制的特点总结如表 4.1 所示。

表 4.1　4 种访问控制机制的特点

访问控制机制	特点	关注对象	适用场景	案例
DAC 机制	自主控制	关注客体的权限列表	用户自主控制权限	Linux 系统、各种客户端应用，用户自己控制自己的内容是否可见
role-BAC 机制	基于角色	关注主体的权限列表	管理员进行集中权限管控	公司内部系统，如 ERP（企业资源规划）等，管理员设计角色，并为用户分配角色
rule-BAC 机制	基于规则	关注主体、客体、请求的属性	无法清晰定义角色的复杂场景	网络请求，主体和客体比较多，无法清晰划分角色
MAC 机制	基于标签	关注主体、客体、请求的标签	能够为全部数据打上标签	政府系统，每一份数据和每一个人都有明确的机密等级

现在，大家已经对 4 种访问控制机制的特点有了更深刻的理解。那么在实际工作中，它们是如何应用的呢？在实际工作中，常常需要将它们进行组合使用。例如，在 Linux 系统中，除了对文件进行 DAC，还可利用 role-BAC 机制定义用户组（group）概念。这样，管理员就可以将用户分配到不同的组中，DAC 也会按照分组去定义相应的权限。所以，要学会灵活应用访问控制机制。

在设计授权机制前，需要先确定安全保护的数据和访问控制的场景。接着明确请求的发起方、请求的接收方、主体对客体进行的操作。根据实际需要，对 DAC 机制、role-BAC

机制、rule–BAC 机制、MAC 机制进行组合，选择使用合适的机制。例如，先根据 role–BAC 机制进行基于角色的访问控制，然后根据需要使具有管理员权限的 DAC 用户可以控制自己的文件能够被谁访问，再细化需求，判定是否需要使用 MAC 机制让主体和客体被划分为"秘密、私人、敏感、公开"这 4 个级别。

　　在任何应用中，权限都必然会存在。学习和理解访问机制，会引导大家去思考在设计应用的过程中有哪些点被忽视了。这样在实际的开发工作中，就能通过合理的设计，选取合适的访问控制机制来避免安全问题的产生。

Chapter 5
第 5 章
物理安全

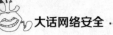

国都是一个国家的权力中心，在我国历史上，国都经历过多次位置转移，国都的迁移不仅要适应当时国家内外形势的需要，还必须考虑各种地理因素是否有利于建都。我国历代国都位置的选择一般从以下几个方面考虑。

首先，国都要建立在经济发达、富饶的地区，以维持统治集团的用度；其次，国都位于全国居中的地理位置，或者不居中，但是要有便利的水陆交通条件，便于政令四达、制内御外的位置；最后，国都往往要具备凭险可守的自然条件，以保持其不被外力摧毁，国家长治久安。

同样，在网络空间世界里，核心数据中心机房犹如一个国家的国都，从选址到安全防范都要缜密考虑。而物理安全是整个网络信息系统安全的前提，可以保护计算机网络设备、设施，其他媒体免遭地震、水灾、火灾等环境事故、人为操作失误或各种计算机犯罪行为的破坏。物理安全需要面对的是环境风险及不可预知的人类活动，是一个非常关键的领域。

5.1　电影《碟中谍 4》中的物理安全

2011 年上映的好莱坞动作戏《碟中谍 4》凭借惊人的特技动作、华丽的场景、各种高科技特工装备的炫酷、紧凑的剧情及动漫式的叙事模式，当然，还有年过半百、帅气依旧的汤姆·克鲁斯，在全球获得了超过 5 亿美元的票房。

看到这里，大家是否以为这是一篇影评？当然不是，在这里我们要对《碟中谍 4》里的机房一探究竟——你会发现整个故事都是围绕企业级机房物理安全展开的。

场景一：哈利法塔的机房。

首先是汤姆·克鲁斯在迪拜哈利法塔上荡秋千的那一系列让人恐高的动作，是为了进入该酒店的机房，侵入服务器获得控制权。

影片第一个高潮，汤姆·克鲁斯爬哈利法塔只为进入机房……

影片中对于该塔数据中心的设置是，它位于 137 层，网络防火墙是军用级别的口令和硬件网关，机房的门也是银行金库级别的。用这样的设置来限制汤姆·克鲁斯只能从外面爬进去，我们不讨论为什么迪拜人花了这么大代价设置了门和防火墙之后，却留下了窗户这个漏洞。单单就机房设置在 137 层来看，似乎就有些问题——我们知道，企业机房通常会放置在一层或者地下一层，因为地板的单位面积承重有限，有些空的水冷型机柜的质量也有两吨。另外，高层建筑往往都注重自身的重心问题，在那么高的地方放置几十个机柜，从供电、散热、承重、搬运等角度来看，这样的设置一点儿也不合理。

汤姆·克鲁斯进入机房之后，居然没有触动任何警报。我们都知道哪怕是很小的机房，都会有监控摄像头来确保机房内的安保情况——而重要的机房甚至进出都要安检，内部有温度和湿度探头。相比军用级的门禁和防火墙，这样的设置实在是对汤姆·克鲁斯网开一面了。

机房管理人员不专业，竟然没有在服务器上禁用外来 USB 设备，汤姆·克鲁斯一插 U 盘就轻松输入了病毒，接管了机房管理权限。

场景二：印度机房的散热很有特色。

现在说汤姆·克鲁斯去的最后一个地点——印度孟买。一位女特工要去找印度人拿到军用卫星的口令，而另一队人马则停掉了该地方数据中心的通风设施——进入该机房试图要比坏人先一步关掉卫星。结果不如人意，女特工没搞定印度人，敌人将原子弹发上了天，真是不得了。而在机房里，由于关掉了通风设施，特工热得满头大汗，这里有必要强调一下，机房是否会如此热呢？

这主要看服务器设备负载情况，如果服务器空闲，就不怎么发热；如果服务器设备满载，那么外部散热停止后温度确实会骤升。影片没有交代为什么机房会如此满负荷运作，且散热采取了集中抽气的方式（上走热风的烟囱式布局）。机房温度升高之后会有什么后果呢？服务器温度升高会导致死机。

终于到了最后的场景，坏人破坏了电视台的服务器设备——这就不能叫机房了，乱糟糟地堆在一起，坏人把硬盘拔出来，还拉断了若干网线、光纤线。一番争夺，美国特工弄来了电，插上硬盘，一瞬间机器就启动了，卫星信号就无延迟地响应了，发出了中止核爆的命令。

电影里的两大主场景都围绕机房展开，着实让我们感受到企业级数据中心哪怕是在商业大片和特工行动中都扮演了极具分量的角色。而该片对于机房安保、散热等方面的提及也让人多多少少地感受到了物理安全的重要性。

5.2　安全物理环境技术标准

回到本书的主题，应该怎样应对信息系统中的物理安全问题呢？先来了解一下《信息安全技术 网络安全等级保护基本要求》中关于安全物理环境技术标准的要求，具体如表 5.1 所示。

表 5.1　安全物理环境技术标准的要求

项目	第一级安全要求	第二级安全要求	第三级安全要求	第四级安全要求
物理位置选择	—	机房场地应选择在具有防震、防风和防雨等能力的建筑内；机房场地应避免设在建筑物的顶层或地下室，否则应加强防水和防潮措施	同第二级安全要求	同第二级安全要求

续表

项目	第一级安全要求	第二级安全要求	第三级安全要求	第四级安全要求
物理访问控制	机房出入口应安排专人值守或配置电子门禁系统,控制、鉴别和记录进入的人员	同第一级安全要求	在第一级安全要求的基础上调整: 机房出入口应配置电子门禁系统,控制、鉴别和记录进入的人员	在第三级安全要求的基础上增加: 重要区域应配置第二道电子门禁系统,控制、鉴别和记录进入的人员
防盗窃和防破坏	应将设备或主要部件进行固定,并设置明显的不易除去的标识	在第一级安全要求的基础上增加: 将通信线缆铺设在隐蔽安全处	在第二级安全要求的基础上增加: 应设置机房防盗报警系统或设置有专人值守的视频监控系统	同第三级安全要求
防雷击	应将各类机柜、设施和设备等通过接地系统安全接地	同第一级安全要求	在第二级安全要求的基础上增加: 应采取措施防止感应雷,如设置防雷保安器或过压保护装置等	同第三级安全要求
防火	机房应设置灭火设备	在第一级安全要求的基础上调整和增加: 机房应设置火灾自动消防系统,能够自动检测火情、自动报警,并自动灭火; 机房及相关的工作房间和辅助房间应采用具有耐火等级的建筑材料	在第二级安全要求的基础上增加: 应对机房划分区域进行管理,区域和区域之间设置隔离防火措施	同第三级安全要求
防水和防潮	应采取措施防止雨水通过机房窗户、屋顶和墙壁渗透	在第一级安全要求的基础上增加: 应采取措施防止机房内水蒸气结露和地下积水的转移与渗透	在第二级安全要求的基础上增加: 应安装对水敏感的检测仪表或元件,对机房进行防水检测和报警	同第三级安全要求
防静电	—	应安装防静电地板并采用必要的接地防静电措施	在第二级安全要求的基础上增加: 应采取措施防止静电的产生,如采用静电消除器、佩戴防静电手环等	同第三级安全要求

续表

项目	第一级安全要求	第二级安全要求	第三级安全要求	第四级安全要求
温湿度控制	应设置必要的温湿度控制设施，使机房温湿度的变化在设备运行所允许的范围之内	在第一级安全要求的基础上调整：应设置温湿度自动调节设施，使机房温湿度的变化在设备运行所允许的范围之内	同第二级安全要求	同第三级安全要求
电力供应	应在机房供电线路上配置稳压器和过电压防护设备	在第一级安全要求的基础上增加：应提供短期的备用电力供应，至少满足设备在断电情况下的正常运行要求	在第二级安全要求的基础上增加：应设置冗余或并行的电力电缆线路为计算机系统供电	在第三级安全要求的基础上增加：应提供应急供电设施
电磁防护	—	电源线和通信线缆应隔离铺设，避免互相干扰	在第二级安全要求的基础上增加：应对关键设备实施电磁屏蔽	在第三级安全要求的基础上调整：应对关键设备或关键区域实施电磁屏蔽

5.3　解决之道

1. 物理位置选择

根据 5.2 节的安全物理环境技术标准的要求，物理位置的选择可以从以下两方面考虑。

（1）机房场地应选择在具有防震、防风和防雨等能力的建筑内。

（2）机房场地应避免设在建筑物的顶层或地下室，否则应加强防水和防潮措施。

机房所在大楼具有防震、防风和防雨等能力。机房应铺设防水涂料、建立防水层保护等，加强防水能力。同时，机房环境动力监控系统应具备漏水检测功能，将漏水检测带部署在机房地势最低洼处，一旦发生机房漏水，环境动力监控系统会自动报警，通知管理人员处理。

2. 物理访问控制

根据 5.2 节的安全物理环境技术标准的要求，物理访问控制可以从以下两方面考虑。

（1）机房出入口应配置电子门禁系统，控制、鉴别和记录进入的人员。

（2）重要区域应配置第二道电子门禁系统，控制、鉴别和记录进入的人员。

机房有一个出入口（如图 5.1 所示），内部划分为缓冲区、设备区。其中设备区内部署服务器、网络安全等关键设备，属于机房重要区域，设备区出入口配置第二道电子门禁系统，控制、鉴别和记录进入人员。

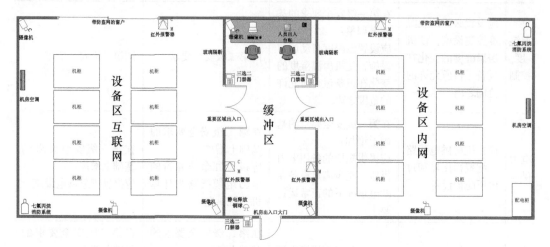

图 5.1 机房平面图

3. 防盗窃和防破坏

（1）应将设备或主要部件进行固定，并设置明显的、不易除去的标识。

（2）应将通信线缆铺设在隐蔽的安全处。

（3）应设置机房防盗报警系统或设置有专人值守的视频监控系统。

（4）机房内所有设备和线缆按照统一格式打标签，标签使用黄色标签纸，用标签打印机打印，避免手写或涂改，并将标签粘贴于设备表面明显处（通常粘贴在前面板或上面板）。具体设备和线缆标签格式如下。

机房内所有设备统一粘贴设备信息标签，标签格式具体如下。

设备名称		设备用途		网络级别	内网 / 互联网
管理 IP		设备编号		责任部门及责任人	

所有设备网络接口 / 端口统一粘贴接口 / 端口标签，标签格式具体如下。

本端设备编号及 IP		对端设备编号及 IP		对端设备	
本端端口	FE0/4	对端端口	FE0/1	机柜号及配线架位置	

所有通信线缆均铺设在线槽及机房架空桥架等隐蔽处，机房缓冲区、设备区均部署红外报警系统及视频监控系统，红外报警系统的警报端设置在大楼保安室，一旦发生安全事件，由安全人员第一时间接警处置。在机柜通道处增设摄像头视频覆盖。视频监控服务器位于机房设备区，视频监控记录保存 6 个月。

4. 防雷击

（1）应将各类机柜、设施和设备等通过接地系统安全接地。

（2）应采取措施防止感应雷，如设置防雷保安器或过压保护装置等。

（3）设备区的所有机柜和设备都有安全地线，采用 UPS（不间断电源）、自带稳压及过压保护装置可有效防止电压震荡及感应雷对信息设备的破坏。

5. 防火

（1）机房应设置火灾自动消防系统，能够实现自动检测火情、自动报警，并自动灭火。

（2）机房及相关的工作房间和辅助房间应采用具有耐火等级的建筑材料。

（3）应对机房划分区域进行管理，区域和区域之间应有隔离防火措施。

（4）机房内设置早期火灾预警系统，通过与环境动力监控系统联动，可自动发现并通过七氟丙烷气体自动消防灭火，自动向控制台发送声光信号或向管理员手机发送短信进行报警。

（5）机房区域划分为缓冲区和设备区，分区管理，区域之间采用防火材料隔断，具有物理隔离和防火隔离双重功能。

6. 防水和防潮

（1）应采取措施防止雨水通过机房窗户、屋顶和墙壁渗透。

（2）应采取措施防止机房内水蒸气结露和地下积水的转移与渗透。

（3）应安装对水敏感的检测仪表或元件，对机房进行防水检测和报警。

（4）机房内窗户应长期关闭，并在边缘放置遇水变色的检测试纸，定期巡查机房。

此外，在机房地板低洼处部署漏水检测线，发生漏水及水凝结时可自动报警，并通知管理员及时处理。机房精密空调单独建设，去掉回水槽和防水坝，避免凝结水外溢到机房地板。机房施工时，应采用防水处理工艺。

7. 防静电

（1）应采用防静电地板或地面并采用必要的接地防静电措施。

（2）应采取措施防止静电产生，如采用静电消除器、佩戴防静电手环等。

（3）机房地面采用防静电地板，机房出入口安装静电消除铜球，进入人员可提前释放静电。缓冲区办公桌内有防静电手环，可进一步消除及防止人体静电。

8. 温湿度控制

（1）应设置温湿度自动调节设施，使机房温湿度的变化在设备运行所允许的范围内。

（2）机房内部署机房空调，24h 运行，设置温度为 24℃恒温。空调内置状态监控，可自动监测运行状态，如出现设备故障可自动通过声音报警，并通过环境动力监控系统报警。

9. 电力供应

（1）应在机房供电线路上配置稳压器和过电压防护设备。

（2）应提供短期的备用电力供应，至少满足设备在断电情况下的正常运行要求。

（3）应设置冗余或并行的电力电缆线路为计算机系统供电。

（4）应提供应急供电设施。

（5）机房供电线路上部署 UPS 短期供电装置，包括 UPS 主机和配置电池，电池组支持机房全部设备 30min 电力供应，可应对临时短期断电情况。

（6）如有条件，机房供电系统可接两路市电，或者柴油发电机组，实现冗余供电。

10. 电磁防护

（1）电源线和通信线缆应隔离铺设，避免互相干扰。

（2）应对关键设备或关键区域实施电磁屏蔽。

Chapter 6
第 6 章
网络通信安全

从古至今，交通运输通道就是国家经济和社会发展的重要载体，"想致富，先修路"。如果交通运输通道因故受到拥塞或中断，就会严重影响国家经济和社会发展。

2008 年 1 月，我国南方遭遇了百年不遇的暴雪，那是一段被冰封的记忆。

暴雪席卷了我国南方，瘫痪了半个中国南部，据相关统计，在这次特大雪灾期间滞留在郴州境内的车辆达到 13 万台次，列车的车组人员和乘客合计多达 20 万人，京珠高速公路郴州附近的路段全线冰冻，彻底瘫痪，京广铁路郴州路段也因为断电而瘫痪。

各个城市的返乡人员挤在火车站、汽车站，相关数据显示，2008 年 1 月，广州有将近 200 多万的外来务工人员滞留，仅广州火车站就聚集了 20 多万名旅客，远超其 5 万人的承载量。

有的人因为道路封堵，只能躲在冰封的车中等待救援。也有的人被困在乡下难以撤离，只能等消防官兵和武警官兵前往，将其一个个背出。

上海的长途客运总站有 100 多个长线班次受到影响，30 多个本应到达上海的客运车未能按时抵达。浦东机场多个航班出现延误情况，进港航班无法进港，飞机无法顺利飞出。虹桥机场 10 多个飞往雨雪严重地区的航班也被迫延误。

湖北积雪天数达到了 10 天之久，而这次雨雪天气一直持续了 25 天。武汉发往全国各地的长途班车，有 8800 余次停运，天河机场出现 20 多趟航班延误。

而在网络空间中，网络通信类似交通运输通道，是整个网络世界发展的基石。如果大面积网络通信瘫痪，造成的影响将不亚于 2008 年雪灾造成的交通瘫痪影响。

 ## 6.1 互联网发展史

在互联网的前身阿帕网诞生 50 多年之后，互联网的接入设备的数量已经超过了全球人口总和，流量也开始以 EB 为单位来计量。1969 年 10 月 29 日，人类通过阿帕网发布了第一条消息，成为今天的互联网通信的开端。50 多年后，超过 40 亿人接入互联网，连接到 IP 网络的设备数量是全球人口的两倍多。互联网已发展成为当今社会网络空间最重要的组成部分，下面先了解一下互联网的发展史。

1. 阿帕网——互联网的前身

阿帕网这个名字来自资助它的美国国防部高级研究计划局。在创建阿帕网时，它只连接了 5 个站点，分别为加州大学洛杉矶分校、斯坦福研究所、加州大学圣塔芭芭拉分校、犹他大学和 BBN 科技公司。

1969 年 8 月 30 日，加州大学洛杉矶分校建立了第一个阿帕网节点。第二个节点在斯坦福研究所，于 1969 年 10 月 1 日建立。10 月 29 日，两台联网计算机之间发送了第一条数据消息。当时加州大学洛杉矶分校计算机科学教授纳德·克兰罗克从学校的主机向位于斯坦福的另一台计算机发送了一条消息。克兰罗克打算编写"login"来启动一个远程分时系统，但系统在仅传输了两个字母"l"和"o"后就崩溃了。

1983 年，美国国防部将 MILNET 从阿帕网中剥离，用于进行非机密军事通信。MILNET 后来更名为国防数据网络，最后更名为 NIPRNET，用于非机密 IP 路由器网络。阿帕网在 1984 年更名为互联网，当时它连接了来自大学和企业实验室的 1000 台主机。

《互联网世界》统计的数据显示，目前全球有超过 50 亿互联网用户。在全球范围内，互联网已经从一个由美国主导的通信媒介变为一个渗透到全球总人口一半以上的通信媒介。

2. 万维网的诞生

1989 年，蒂姆·伯纳斯－李撰写了一篇论文，阐述了他想在互联网上以超文本格式的方式发布信息的想法。他对通用连接的设想成就了万维网，这使得互联网使用量猛增。1993 年，计算机科学专业的学生 Marc Andreessen 开发出了第一款流行的网络浏览器，即 Mosaic。联凯富（NetCraft）公司公布的网站数据显示，截至 2022 年 9 月，全球网站数量已经超过了 11 亿。

3. 从 IPv4 发展到 IPv6

互联网协议（IP）用于标识互联网上的设备，以便找到它们。IPv4 是第一个主要的版本，开发于 20 世纪 70 年代，并于 1981 年向公众推广。20 年前，因特网工程任务组（IETF）预测到了 IPv4 地址会耗尽，并开始着手开发新版本的互联网协议 IPv6。

IPv4 使用的 32 位寻址方案仅支持 43 亿台设备，新的 IPv6 使用的是 128 位寻址方案，可支持约 340 万亿台设备。随着 IPv4 地址供应的不断减少，因特网编号分配机构（IANA）在 2011 年报告称，它已经没有新的地址分发给区域互联网登记处。2015 年，美国 Internet 注册中心（ARIN）的报告称，其免费的 IPv4 地址池已耗尽。

尽管如此，向 IPv6 过渡的进度依然缓慢。运营商网络和 ISP(因特网服务提供者) 是最早开始在其网络上部署 IPv6 的群体之一。行业组织 World IPv6 Launch 的数据显示，目前美国 T-Mobile 的流量有 94% 通过 IPv6，Verizon Wireless 的流量有 85% 通过 IPv6，AT&T Wireless 的流量有 76% 通过 IPv6。企业在部署方面落后的原因主要是成本、复杂性和资源等方面的挑战。2018 年，谷歌称，全球的 IPv6 连接率约为 25.04%，美国的 IPv6 普及率为 34%。

4. DNS——互联网的电话簿

DNS(域名系统) 创建于 1984 年，其目的是将复杂的 IP 地址与以 .com、.org、.edu、.gov 和 .mil 等扩展名结尾的易于记忆的名称进行匹配。第一批 .com 域名注册于 1985 年。1998 年，美国商务部通过创建互联网名称与数字地址分配机构（ICANN）将域名注册和运

营工作进行了私有化。

目前域名申请不断创下新高。与此同时，DNS 安全受到的威胁也在增加。DNS 威胁包括 DNS 劫持、隧道、网络钓鱼、缓存中毒和 DDoS（分布式拒绝服务）攻击。2019 年，市场研究机构 IDC 报告称，过去一年，全球 82% 的公司都面临着 DNS 攻击，而在美国，DNS 攻击造成的平均损失超过了 127 万美元。

5. 互联网流量

1974 年，互联网上的日流量超过了 300 万个数据包。最初互联网的年流量是以 TB 和 PB 为单位进行测算，如今每月的流量就已经达到 EB 级，即 2^{60} 个字节。根据中国国际发展知识中心 2022 年 6 月 20 日发布的《全球发展报告》可知：2020 年全球互联网流量相比 10 年前增加 15.9 倍。思科预测，到 2025 年全球数据流量将从 2016 年的 16ZB 上升到 163ZB。

随着流量的增长，连接到互联网的设备也在增加。目前，连接到 IP 网络的设备数量已经接近 200 亿台。根据 ZDC（互联网消费调研中心）预测，到 2025 年全球物联网设备数将达到 416 亿台。

6. 智能手机的流量

目前，智能手机的流量正在持续增长，并有望在未来几年超过个人计算机的（PC）流量。思科的数据显示，2018 年，PC 流量占总 IP 流量的 41%，但到 2022 年，PC 流量将只占总 IP 流量的 19%。与此同时，2022 年，智能手机的流量占总 IP 流量的比例由 2017 年的 18% 增长至 44%。

7. M2M 和物联网

思科的研究表明，设备连接的数量增长速度超过了全球人口的增长速度，其中增长最快的类别是 M2M（机器对机器）连接。M2M 属于物联网的一个子集，应用主要包括智能电表、视频监控、医疗监控、交通运输、包裹或资产跟踪。物联网是一个由传感器、机器和照相机等智能设备组成的网络，可以自动连接到互联网并共享信息，形成巨大的网络流量，并生成 ZB 级数据用于监控和分析。IDC 预测，2025 年联网的物联网设备数量将达到 416 亿台，并将产生 79.4ZB 的数据。

8. 互联网的安全威胁

早在 1988 年，莫里斯蠕虫就感染了互联网上约 6000 台计算机。莫里斯蠕虫被认为是互联网上的第一次重大攻击，它敲响了互联网工程界要重视软件漏洞风险的警钟。从那时起，威胁就一直持续不断。例如，大规模的分布式拒绝服务攻击——MafiaBoy，该攻击可追溯到一名自称 MafiaBoy 的蒙特利尔地区的少年，2000 年 2 月 7 日，该攻击使亚马逊、eBay、雅虎、戴尔、E-trade 和 CNN 网站瘫痪。同一年，ILoveYou 蠕虫（也称为 VBS/Loveletter 和 Love Bug 蠕虫）感染了大约 10% 的互联网计算机。

今天，针对互联网连接系统的攻击太多，受害企业的财物损失惨重。IBM Security 的数据显示，在全球范围内，2022 年数据泄露造成的平均损失高达 435 万美元，在过去五年间增长了 13%。

9. 社交媒体

美国皮尤研究中心在 2005 年开始跟踪社交媒体的使用情况，当时只有 5% 的美国成年人使用过至少一种社交媒体平台。到 2011 年，这个数据达到了 50%，2022 年超过 95% 的公众使用某种类型的社交媒体。

新闻报导近年来互联网每天发送的推文超过 5 亿条，每年发送的推文约为 2000 亿条。每天在互联网上发表的博客文章超过 400 万篇。截至 2019 年 6 月，Facebook 每天有 15.9 亿活跃用户。此外，Facebook 报道，平均每天有超过 21 亿人在使用 Facebook、Instagram、WhatsApp 或 Messenger。而在国内，截至 2023 年 6 月，我国即时通信用户规模达 10.47 亿，较 2022 年 12 月增长 886 万，占网民总数的 97.1%。

10. 搜索与购物

行业观察人士估计，每天谷歌搜索量超过 50 亿次。此外，电子商务也在持续、蓬勃地发展。自 20 世纪 90 年代中期以来，电子商务销售额稳步攀升，在整个零售市场中所占份额不断上升。2018 年，美国消费者在线交易额达到了 5170 亿美元，占零售总额的 14%。在国内，截至 2023 年 6 月，我国网络购物用户规模达 8.84 亿，较 2022 年 12 月增加 3880 万人，占网民总数的 82%。2023 年上半年，全国网上零售额达 7.16 万亿元，同比增长 13.1%，其中实物商品网上零售额达 6.06 万亿元，增长 10.8%，占社会消费品零售总额的比重达 26.6%。

6.2 网络通信安全技术标准

在国家战略中，公路干线网是国家稳定发展的基础设施，我国制定了《中华人民共和国道路交通安全法》，还配置了大量交警维护道路交通安全。通信网络在业内也称为信息高速公路，同样需要有相应的规则和手段来确保网络通信安全。

《信息安全技术 网络安全等级保护基本要求》定义了网络通信安全技术标准的要求，如表 6.1 所示。

表 6.1　网络通信安全技术标准的要求

项目	第一级安全要求	第二级安全要求	第三级安全要求	第四级安全要求
网络架构	—	应划分不同的网络区域，并按照方便管理和控制的原则为各网络区域分配地址；应避免将重要网络区域部署在边界处，重要网络区域与其他网络区域之间应采取可靠的技术隔离手段	在第二级安全要求的基础上增加：应保证网络设备的业务处理能力满足业务高峰期需要；应保证网络各个部分的带宽满足业务高峰期需要；应提供通信线路、关键网络设备的硬件冗余，保证系统的可用性	在第三级安全要求的基础上增加：应可按照业务服务的重要程度分配带宽，优先保障重要业务
通信传输	应采用校验码技术保证通信过程中数据的完整性	同第一级安全要求	在第一级安全要求的基础上调整和增加：应采用校验码技术或密码技术保证通信过程中数据的完整性；应采用密码技术保证通信过程中敏感信息字段或整个报文的保密性	在第三级安全要求的基础上增加：应在通信前基于密码技术对通信的双方进行验证或认证；应基于硬件密码模块对重要通信过程进行密码运算和密钥管理
可信验证	可基于可信根对通信设备的系统引导程序、系统程序等进行可信验证，并在检测到其可信性被破坏后进行报警	可基于可信根对通信设备的系统引导程序、系统程序、重要配置参数和通信应用程序等进行可信验证，并在检测到其可信性被破坏后进行报警，并将验证结果形成审计记录送至安全管理中心	可基于可信根对通信设备的系统引导程序、系统程序、重要配置参数和通信应用程序等进行可信验证，并在应用程序的关键执行环节进行动态可信验证，在检测到其可信性被破坏后进行报警，并将验证结果形成审计记录送至安全管理中心	可基于可信根对通信设备的系统引导程序、系统程序、重要配置参数和通信应用程序等进行可信验证，并在应用程序的所有执行环节进行动态可信验证，在检测到其可信性被破坏后进行报警，并将验证结果形成审计记录送至安全管理中心，进行动态关联感知

6.3　网络通信安全的技术和产品

在互联网中部署安全接入网关（如 SSL VPN 网关），可实现非可信链路的传输层加密，保证互联网传输信息的机密性和完整性。作为互联网远程接入解决方案的门户，为了实现高可用性，可采用双机热备方式，根据实际业务场景选择主—从或主—主业务模式。

那么，什么是网关？SSL VPN 网关又是什么设备？顾名思义，网关就是一个网络连接到另一个网络的关口。大家都知道，从一个房间走到另一个房间，必然要经过一扇门，而从一个网络向另一个网络发送信息，必然要经过一道关口，这个关口就叫作网关。

SSL VPN 指的是使用者利用浏览器内置的 SSL（安全套接层）封包处理功能，通过 SSL VPN 网关连接到公司内部网络，如图 6.1 所示。然后通过网络封包转向的方式，让使用者可以在远程计算机执行应用程序，读取公司内部服务器数据。它采用标准的 SSL 对传输中的数据包进行加密，从而在应用层保护了数据的安全性。高质量的 SSL VPN 网关解决方案可保证企业进行安全的全局访问。在客户端和服务器连接的过程中，SSL VPN 网关有着不可替代的作用。

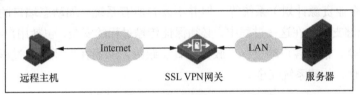

图 6.1　安全接入网关物理连接方式

设置 SSL VPN 网关是解决远程用户访问公司敏感数据最简单、最安全的方法。与复杂的 IPSec VPN 相比，SSL 通过相对简易的方法实现信息的远程连通。任何安装浏览器的机器都可以使用 SSL VPN，这是因为 SSL 内嵌在浏览器中，它不需要像传统 IPSec VPN 那样必须为每一台客户机安装客户端软件。SSL VPN 网关逻辑工作示意如图 6.2 所示。

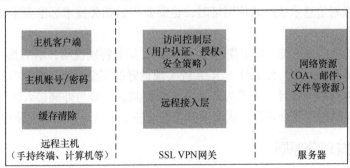

图 6.2　SSL VPN 网关逻辑工作示意

SSL 协议主要由 SSL 握手协议和 SSL 记录协议组成，它们共同为应用访问连接提供认证、加密和防篡改功能。

SSL 握手协议与 IPSec 协议体系中的 IKE（互联网密钥交换）协议类似，主要用于用户和服务器之间的相互认证，MAC（报文认证码）算法和协商加密算法主要用于 SSL，记录协议中生成并使用的加密密码和认证密钥。SSL VPN 网关除需要支持 AES、DES、3DES、RSA 等多种国际主流的商用加密算法，还需要支持国家密码局认定的国产密码算法，包括 SM1、SM2、SM3、SM4 等。

SSL 记录协议为各种应用协议提供最基本的安全服务，和 IPSec 的传输模式有异曲同工之处，应用程序消息参照 MTU（最大传输单元）在被分割成可治理的数据块（可进行数据压缩处理）的同时产生 MAC 信息，然后进行加密并插入新的报头，最后在 TCP 中传输。收到的数据在接收端进行解密，再进行身份验证（MAC 认证）、解压缩、重组数据报，最后提交给应用协议进行处理。

选择 VPN 是为了支持远程访问内部网络的应用，这是最先需要考虑的一点。目前，大多数 SSL VPN 兼容大部分日常会用到的邮件系统、OA（办公自动化）系统、CRM/ERP（客户关系管理/企业资源计划）系统等，但并不兼容所有系统，如动态端口的应用就只有部分 SSL VPN 能够支持。在这一过程中，必须保证传输过程的安全，包括用户身份成功验证、客户端设备安全、清除客户端缓存、服务端日志跟踪，从而在保证传输过程安全的同时提高系统的安全性，构建系统安全。

6.4 通信安全体系架构

通常，相关部门会设置一些道路交通规则来保证道路的交通安全和公共交通中的行车速度，如在城市道路设置机动车道、非机动车道和人行道；在高速公路设置行车道、超车道；在城市主干道设置高峰期公交车专用车道，个别特大城市还建设有 BRT（快速公交系统）等。在规划信息系统的通信网络时，也需要根据相关技术标准要求设计安全的网络架构。

下面以某单位信息系统（以下简称 ×× 系统，如无特别说明，本书其他章节案例介绍均围绕此系统展开）为例，为了对 ×× 系统实现良好的安全保障，参照等级保护的要求对系统安全区域进行划分设计，实现内部办公、数据共享交换与外部接入区域之间的安全隔离，并对核心区域进行冗余建设，从而保障关键业务系统的可用性与连续性。

6.4.1 安全域划分原则

安全域可以将保护对象进一步划分，从而使整个网络逻辑结构更清晰。

根据更细粒度的防护策略，安全域可以进一步划分为安全子域，其主要能够区分防护重点，形成重要资源重点保护策略。

安全域的划分要遵循以下几个根本原则。

1. 业务保障原则

安全域划分的根本目标是更好地保障网络上承载的业务，在保证安全的同时，还要保障业务的正常运行和运行效率。

2. 适度安全原则

在进行安全域划分时，会面临有些业务紧密相连但是根据安全要求（信息密级要求、访问应用要求等）又要将其划分到不同安全域的矛盾。是将业务按安全域的要求强行划分，还是合并安全域以满足业务要求？必须综合考虑业务隔离的难度和合并安全域的风险（会出现有些资产保护级别过低的问题），从而给出合适的安全域划分结果。

3. 结构简化原则

安全域划分的直接目的是要将整个网络变得更加简单，简单的网络结构便于设计防护体系。例如，安全域划分并不是粒度越细越好，安全域数量过多、过杂可能导致安全域的管理变得过于复杂和困难。

4. 等级保护原则

安全域的划分要做到每个安全域的信息资产价值相近，具有相同或相近的安全等级、安全环境、安全策略等。

5. 立体协防原则

安全域的主要对象是网络，但是围绕安全域的防护需要考虑在各个层次上立体防守，包括物理链路、网络、主机系统、应用等层次。同时，在部署安全域防护体系时，要综合运用身份鉴别、访问控制、检测审计、链路冗余、内容检测等各种安全功能实现协防。

6. 生命周期原则

对于安全域的划分和布防不仅要考虑静态设计，还要考虑其动态变化。另外，在安全域的建设和调整过程中要考虑工程化的管理。

6.4.2 XX 系统网络安全域划分

根据 ×× 系统整体安全需求并结合《信息安全技术 网络安全等级保护基本要求》和《信息安全技术 网络安全等级保护安全设计技术要求》中的相关要求，该系统网络安全域划分如下。

1. 远程用户接入区

该区包含互联网通信的路由设备和网络安全边界设备，可与 DMZ（隔离区）、核心网络

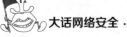

区通信，向外连接互联网，向内连接外网 DMZ，负责 ×× 系统与互联网移动用户的接入。

2. DMZ

DMZ 包含 DMZ 交换机和对外应用服务器，向外与外部其他单位通信，直接连接专网接入区的边界设备，向内与安全管理区通信。

3. 核心网络区

该区包含核心交换机和安全设备，对网络信息系统起数据通信支撑作用。向外连接互联网，负责内部网络与互联网的数据交互；向内连接业务服务器区、安全管理区、业务终端区等，主要负责各区域间的通信。这样的部署提高了网络的可靠性和安全性，为以后的网络信息系统扩展提供了一个基础网络平台。

4. 安全管理区

该区包含网络管理系统、防病毒系统、补丁升级系统、IDS（入侵检测系统）管理端、漏洞扫描系统等，与所有的区域均可通信，连接核心网络区。

5. 业务服务器区

该区向外连接核心网络区，可与核心网络区通信，增强了服务器区网络的稳定性，同时使其具备更好的扩容能力。

6. 业务终端区

该区包含楼层接入交换机，可与业务服务器区和 DMZ 通信，连接核心网络区。

7. 共享交换区

该区与其他网络（如视联网、其他专网）进行数据共享交换，可供其他专网用户直接访问，通过两套网闸与内部应用逻辑隔离，由外向内导入和由内向外导出，连接核心网络区。

8. 专网接入区

该区与上级、下级进行通信和业务接入，可通过核心网络区与 DMZ 和业务服务器区连接。

6.5 网络通信安全方案

1. 基于专网的广域网传输安全

×× 系统的内网根据相关规范要求进行建设，在整个传输链路上都有传输加密的整体设计，符合等级保护对通信传输加密的安全要求。

2. 基于互联网的广域网传输安全

（1）安全风险

随着远程办公、移动办公的普及，越来越多的公司内部的员工通过互联网接入内部办公系统，此外，随着业务规模的扩大、办公场所的增加，不同地域的分支机构往往需要通过互联网将分散在各个办公地点的网络进行互联。

××系统由于业务需要，存在大量远程办公用户，这些用户通过互联网访问内部应用系统，远程办公方式为用户带来了很大的便利，同时也带来了安全风险，如果工作人员在使用移动办公设备传输数据时出现数据被篡改或者敏感数据泄露的问题，后果将会非常严重。所以如何保证移动办公的远程传输安全、数据安全和身份安全等是重中之重。

　　（2）控制措施

　　通过部署 SSL VPN 可以实现远程用户的安全访问，从用户接入身份的安全性、终端设备的合法性、访问业务系统的权限合法性、业务数据传输的安全性等多个层面保障用户跨互联网远程接入的安全。

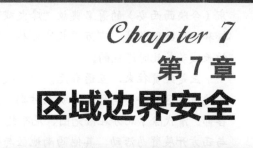

Chapter 7
第 7 章
区域边界安全

边防是一个国家安全的重要组成部分，对外宣示国家的主权，对内则保护人民生命财产的安全及社会生产力的发展。古语讲："备边足戍，国家之重事"，也道出了边防的重要性和作用。

中国古代的边防措施很多，主要体现在以下几个方面。

一是派驻军队，军队是守卫国家边防的重要力量。自古以来，军队为了边疆的巩固，做出了巨大的牺牲和贡献。汉朝军队在击垮匈奴势力后，还驻守在长城沿线，守卫边疆。宋朝在西北和北部地区驻扎大量的军队，以抵御西夏和辽的进攻。清朝在东北和西北等地实行军府制、驻军守边等。

二是修筑防御工事。万里长城是中国古代的军事防御工事，是一道高大、坚固而且连绵不断的长垣，用以阻隔敌军的行动。长城修筑的历史可追溯到西周时期，发生在首都镐京（今陕西西安）的著名典故"烽火戏诸侯"就源于此。秦灭六国统一天下后，秦始皇连接和修缮战国长城，有万里长城之称。明朝是最后一个大修长城的朝代，今天人们所看到的长城多是此时修筑的。

三是经贸往来，互通有无。中央政府除采用军事手段之外，还经常通过经贸的手段实现边境地区的安全与稳定。明朝时期，在长城沿线与北方各部族开展茶马互市，安抚北边各部。清代除了北方在恰克图、尼布楚等地与俄罗斯有贸易往来，还在广州设立贸易总行，与西方开展贸易活动，其他西南地区与邻国的贸易也通过官方和民间等开展。经贸往来既增进了双方的交往，又可以随时了解对方的国力。

四是依靠藩属国经营周边。历史上中国周边的一些国家之所以被称为藩属国，是因为它们毗邻中国，深受中国的影响，其国内虽有较为完整的政治、经济、法律等系统，但在重大事务上要接受中国政府的指导和保护。这种做法加强了中国与周边国家的联系，加大了中国边防的纵深。

五是海上防御，抵抗外侵。从宋朝开始派兵巡视南海海域等地。明代中期以后实行海禁政策，阻止倭寇内侵，保障沿海安全。清政府在近海一带设立水师，以保障沿海正常的秩序和安全。

在网络空间里，区域边界犹如国家边防，也需要在区域边界设置防御设施和相应的防御手段。

7.1　安全区域边界技术标准

网络空间也需要根据统一的防御策略部署防火墙、安全隔离网闸、IDS、入侵防御系统

（IPS）、恶意代码防范产品、网络安全审计、上网行为管理系统等来防护网络边界安全。安全区域边界技术标准的要求如表 7.1 所示。

表 **7.1**　安全区域边界技术标准的要求

项目	第一级安全要求	第二级安全要求	第三级安全要求	第四级安全要求
边界防护	应保证跨越边界的访问和数据流通过边界防护设备提供的受控接口进行通信	同第一级安全要求	在第一级安全要求的基础上增加： 应能够对非授权设备私自连到内部网络的行为进行检查或限制； 应能够对内部用户非授权连到外部网络的行为进行检查或限制； 应限制无线网络的使用，确保无线网络通过受控的边界防护设备接入内部网络	在第三级安全要求的基础上增加： 应能够在发现非授权设备私自连到内部网络的行为或内部用户非授权连到外部网络的行为时，对其进行有效阻断； 应采用可信的验证机制对接入网络中的设备进行可信验证，确保接入网络的设备真实可信
访问控制	应在网络边界根据访问控制策略设置访问控制规则，在默认情况下除允许通信外，受控接口拒绝所有通信； 应删除多余或无效的访问控制规则，优化访问控制列表，并保证访问控制规则数量最小化； 应对源地址、目的地址、源端口、目的端口和协议等进行检查，以允许 / 拒绝数据包进出	在第一级安全要求的基础上调整和增加： 应在网络边界或区域之间根据访问控制策略设置访问控制规则，在默认情况下除允许通信外，受控接口拒绝所有通信； 能根据会话状态信息为进出数据流提供明确的允许 / 拒绝访问的能力	在第二级安全要求的基础上增加： 应对进出网络的数据流实现基于协议和应用内容的访问控制	在第三级安全要求的基础上调整： 应在网络边界通过通信协议转换等方式进行数据交换

大话网络安全

续表

项目	第一级安全要求	第二级安全要求	第三级安全要求	第四级安全要求
入侵防范	—	应在关键网络节点处监视网络攻击行为	在第二级安全要求的基础上调整和增加：应在关键网络节点处检测、防止或限制从外部发起的网络攻击行为；应在关键网络节点处检测、防止或限制从内部发起的网络攻击行为；应采取技术措施对网络行为进行分析，实现对网络攻击特别是未知的新型网络攻击的检测和分析；当检测到攻击行为时，记录攻击源IP、攻击类型、攻击目的、攻击时间，在发生严重入侵事件时应进行报警	同第三级安全要求
恶意代码和垃圾邮件防范	—	应在关键网络节点处对恶意代码进行检测和清除，并维护恶意代码防护机制的升级和更新	在第二级安全要求的基础上增加：应在关键网络节点处对垃圾邮件进行检测和防护，并维护垃圾邮件防护机制的升级和更新	同第三级安全要求
安全审计	—	应在网络边界、重要网络节点进行安全审计，审计覆盖到每个用户，对重要的用户行为和重要安全事件进行审计；审计记录应包括事件的日期和时间、用户、事件类型、事件是否成功及其他与审计相关的信息；应对审计记录进行保护，定期备份，避免受到非预期的删除、修改或覆盖等	在第二级安全要求的基础上增加：应能对远程访问的用户行为、访问互联网的用户行为等单独进行行为审计和数据分析	同第三级安全要求

续表

项目	第一级安全要求	第二级安全要求	第三级安全要求	第四级安全要求
可信验证	可基于可信根对边界设备的系统引导程序、系统程序等进行可信验证，并在检测到其可信性受到破坏后进行报警	可基于可信根对边界设备的系统引导程序、系统程序、重要配置参数和边界防护应用程序等进行可信验证，并在检测到其可信性受到破坏后进行报警，并将验证结果形成审计记录送至安全管理中心	可基于可信根对边界设备的系统引导程序、系统程序、重要配置参数和边界防护应用程序等进行可信验证，并在应用程序的关键执行环节进行动态可信验证，在检测到其可信性受到破坏后进行报警，并将验证结果形成审计记录送至安全管理中心	可基于可信根对边界设备的系统引导程序、系统程序、重要配置参数和边界防护应用程序等进行可信验证，并在应用程序的所有执行环节进行动态可信验证，在检测到其可信性受到破坏后进行报警，并将验证结果形成审计记录送至安全管理中心，并进行动态关联感知

7.2　边界安全设备

7.2.1　防火墙

本书前面多次提到防火墙，那么在网络世界里什么是防火墙？防火墙的作用是什么？下面详细阐述防火墙的相关内容。

防火墙原本是指房屋之间修建的一道墙，用于防止火灾发生时的火势蔓延。

这里提到的防火墙（Firewall）也称防护墙，是由 Check Point 创立者 Gil Shwed 于 1993 年发明并引入国际互联网的。它是一种位于内部网络与外部网络之间的网络安全系统，是一个信息安全的防护系统，依照特定的规则，允许或限制传输的数据通过。防火墙过滤的是承载通信数据的通信包。

在网络中，防火墙是指一种将内部网和公众访问网隔开的系统，它实际上是一个隔离系统。防火墙在两个网络进行通信时执行一种访问控制尺度，它能允许用户"同意"的人和数据进入他的网络，同时将用户"不同意"的人和数据拒之门外，最大限度地阻止网络中的黑客来访问用户的网络。换句话说，如果未通过防火墙，公司内部的人就无法访问互联网，互联网上的人也无法和公司内部的人进行通信。其部署示意如图 7.1 所示。

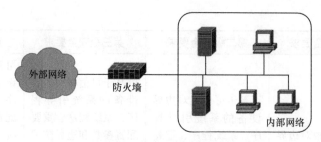

图 7.1   防火墙部署示意

按照技术分类，防火墙可分为网络级（包括包过滤防火墙）防火墙、应用级防火墙、电路级网关防火墙、状态检测防火墙和 NGFW（下一代防火墙）等类型。

（1）网络级防火墙。网络级防火墙一般是根据数据包的 IP 地址、TCP/UDP 和端口做出信息通过与否的判断。一台简单的防火墙就是一个"传统"的网络级防火墙，但因为其决策依据信息的简易性，它并不能判断出一个 IP 包的来源和去向及包的实际含义。现代网络级防火墙在这一方面有了很大的改进，它可以保留通过的连接状态和一些数据流的内部信息，通过比较所要判断的信息和规则表来决定信息是否可以通过。

网络级防火墙的优点是易于配置、处理速度较快和对用户透明；缺点是不能防范攻击，不能处理新的安全威胁，同时因为其只检查 IP 地址、协议和端口，故不能很好地支持应用层协议，访问控制粒度太粗糙。

（2）应用级防火墙。应用级防火墙一般是指不允许在其连接的网络间直接通信而运行代理程序的主机，它可以通过复制传递数据，防止网络内部的用户与外部网络直接进行通信。应用级防火墙能够提供较为复杂的策略和较为详细的审核报告，故其安全性比网络级防火墙要高。但有的应用级防火墙缺乏"透明度"，而且设置了应用级防火墙后，可能会对性能有一些影响，效率不如网络级防火墙。

（3）电路级网关防火墙。电路级网关防火墙又称为线路级网关防火墙，它工作在会话层，可通过监控受信任的用户或与不受信任的主机间的握手信息来判定该会话请求是否合法。若会话连接合法，则电路级网关防火墙将只对数据进行复制、传递操作，而不再进行过滤操作。电路级网关防火墙还可起代理的作用，将公司内部 IP 地址映射到一个"安全"的 IP 地址上，实现内外系统的隔离。电路级网关防火墙的优势在于其安全性比较高，且易于精确控制，但该电路级网关防火墙工作在会话层，无法检查应用层的数据包以消除应用层攻击的威胁。

（4）状态检测防火墙。状态检测防火墙是传统包过滤防火墙的功能扩展，它通过网络层上的检测模块对网络通信的各层实施监测，并从截获的数据中抽取与应用层状态相关的信息，将其保存起来为以后的安全决策提供依据。状态检测防火墙在核心部分建立了状态链接表，利用状态链接表来监控进出网络的数据。在对数据包进行检查时，不仅要查看其规则检查表，还需要判断数据包是否符合其所处的状态。状态检测防火墙很好地规范了网络层和传输层的行为。状态检测防火墙具有良好的安全性和扩展性，且性能高效，不仅支持基于 TCP（传输控制协议）的应用，还可以监测 RPC（远程过程调用）和 UDP（用户数据报协议）的端口信息，有很广的应用范围。但其配置非常复杂，而且会降低网络速度。

（5）NGFW。NGFW 是一款可以全面应对应用层威胁的高性能防火墙。通过深入洞察网络流量中的用户、应用和内容，并借助全新的高性能单路径异构并行处理引擎，NGFW 能够为用户提供有效的应用层一体化，帮助用户安全地开展业务并简化用户的架构。NGFW 具有以下基本属性：支持在线 BITW（线缆中的块）配置，同时不会干扰网络运行；可作为网络流量检测与策略执行的平台。同时具有数据包过滤、网络地址转换、协议状态检查及 VPN 功能等；集成式而非托管式网络入侵防御，支持基于漏洞的签名与基于威胁的签名。

在 NGFW 中，安全策略由防火墙自动设定和执行，而非由操作人员手动在控制台制定和执行。高质量的集成式引擎与签名也是 NGFW 的主要特性，支持新信息流与新技术的集成路径升级，以应对未来出现的各种威胁。

按照架构分类，防火墙系统类型可以分为筛选路由器结构、双宿主主机结构、屏蔽主机结构、屏蔽子网结构及其他结构类型。

（1）筛选路由器结构，也称为包过滤路由器、IP 过滤器或筛选过滤器结构，内外网之间可直接建立连接，筛选路由器结构连接如图 7.2 所示。筛选路由器结构通过对进出数据包的 IP 地址、端口、传输层协议及报文类型等参数进行分析，决定数据包过滤规则。

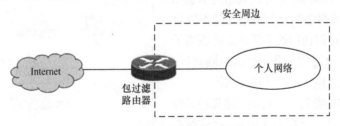

图 7.2　筛选路由器结构连接

（2）双宿主主机结构。双宿主主机结构是围绕着至少有两个网络接口的双宿主（又称堡垒）主机而构成的，如图 7.3 所示。双宿主主机内、外的网络均可与双宿主主机进行通信，但内、外网络之间不可直接通信，内、外网络之间的 IP 数据流被双宿主主机完全切断。

（3）屏蔽主机结构。屏蔽主机结构由内部网络和外部网络之间的一台屏蔽路由器和一台堡垒主机构成，其结构示意如图 7.4 所示。屏蔽主机结构的特点是外部网络对内部网络的访问必须通过堡垒主机上提供的相应代理服务器进行；而内部网络到外部网络的出站连接可以采用不同的策略，或者必须经过堡垒主机连接外部网络，或者允许某些应用绕过堡垒主机直接和外部网络建立连接。

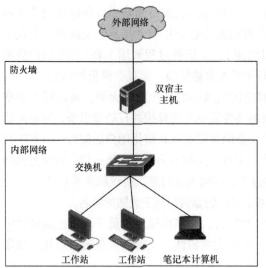

图 7.3　双宿主主机结构示意

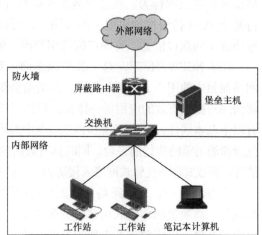

图 7.4　屏蔽主机结构示意

（4）屏蔽子网结构。屏蔽子网结构就是在内部网络和外部网络之间建立一个被隔离的子网，用两台路由器分组过滤，将这一子网分别与内部网络和外部网络分开，其结构示意如图 7.5 所示。内部网络和外部网络之间不能直接通信，但是都可以访问这个新建立的隔离子网，该隔离子网也被称为非军事区或隔离区，即 DMZ，用来放置电子邮件等应用系统。

（5）其他结构类型。一般是上述几种结构的变形，主要包括一个堡垒主机和一个 DMZ、两个堡垒主机和两个 DMZ、两个堡垒主机和一个 DMZ 等，目的是通过设定过滤和代理的层次使检测层次增多，从而增加安全性。

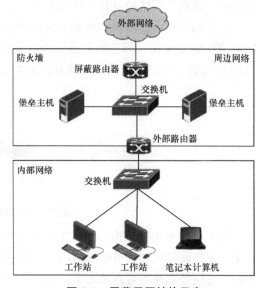

图 7.5　屏蔽子网结构示意

7.2.2　安全隔离网闸

如今，随着互联网上病毒泛滥、计算机犯罪等威胁日益严重，防火墙的攻破率不断上升，网络隔离技术已经得到越来越多用户的重视，重要的网络和部门均开始采用安全隔离网闸产品来保护内部网络和关键信息基础设施。

国家有关文件严格规定，政务内网和政务外网要实行严格的物理隔离，政务外网和互联网要实行逻辑隔离。物理隔离网闸最早用于解决涉密网络与公共网络连接时出现的安全问题。政府、军队、企业由于核心部门的信息安全关系着国家安全、社会稳定，因此迫切需要比传统产品更为可靠的技术防护措施，安全隔离网闸应运而生，它可以把内网和外网联系起来，如图 7.6 所示。

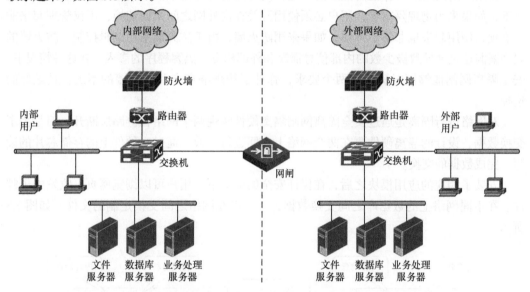

图 7.6　内网和外网通过安全隔离网闸进行数据交换

　　安全隔离网闸是一种由带有多种控制功能的专用硬件在电路上切断网络之间的链路层连接，并能够在网络间进行安全、适度的应用数据交换的网络安全设备，安全隔离网闸工作原理如图 7.7 所示。

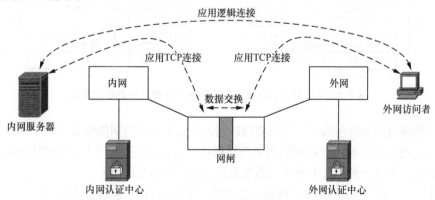

图 7.7　安全隔离网闸工作原理

安全隔离网闸是新一代高安全度的企业级信息安全防护设备，它依托安全隔离技术为信息网络提供更高层次的安全防护能力，不仅使信息网络的抗攻击能力大大提升，还有效地防范了信息外泄事件的发生。

为什么要使用安全隔离网闸呢？其意义是什么？

在用户的网络需要保证高强度的安全，同时又要与其他不信任网络进行信息交换的情况下，如果采用物理隔离卡，用户必须使用开关在内外网之间来回切换，不仅管理起来非常麻烦，使用起来也非常不方便；如果采用防火墙，由于防火墙采用逻辑控制，防火墙的规则漏洞还是会导致极少数的内部信息泄露和外部病毒、黑客程序的渗入。在这种情况下，安全隔离网闸能够同时满足这两个要求，弥补了物理隔离卡和防火墙的不足，是最好的选择。

对网络进行隔离是通过安全隔离网闸隔离硬件实现两个网络在链路层断开，但是为了交换数据，设计的隔离硬件要在两个网络上来回进行切换，通过对硬件上的存储芯片的读写，完成数据的交换。

安装了相应的应用模块之后，在保证安全的前提下，用户可以浏览网页、收发电子邮件、在不同网络上的数据库之间交换数据，并可以在网络之间交换定制的文件，如图7.8所示。

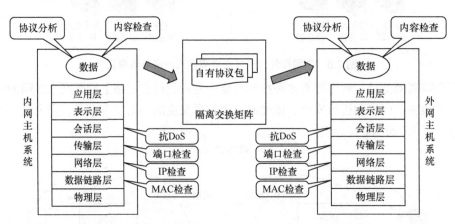

图7.8　内网和外网在安全隔离网闸中实现应用数据的交换

安全隔离网闸与物理隔离卡最主要的区别是，安全隔离网闸能够实现两个网络间自动、安全、适度的信息交换，而物理隔离卡只能提供一台计算机在两个网之间的切换，并且需要手动操作，大部分的隔离卡还要求系统重新启动以便切换硬盘。

安全隔离网闸与防火墙的区别是，防火墙一般在进行 IP 包转发的同时，通过对 IP 包的处理实现对 TCP 会话的控制，但是对应用数据的内容不进行检查。这种工作方式无法防止泄密，也无法防止病毒和黑客程序的攻击。无论是从功能上还是从实现原理上讲，安全隔离网闸和防火墙都是两种完全不同的产品，防火墙是保证网络层安全的边界安全工具（如通常的非军事化区 / 隔离区），而安全隔离网闸的重点是保护内部网络的安全。因此两种产品的定位不同，不能相互取代。

安全隔离网闸与交换机的区别是，安全隔离网闸在网络间进行安全、适度的信息交换是在网络之间不存在链路层连接的情况下进行的。安全隔离网闸直接处理网络间的应用层数据，利用存储 - 转发的方法进行应用数据的交换，在进行数据交换的同时，对应用数据进行各种安全检查。交换机在网络间进行信息交换时则需保持链路层畅通，在链路层之上进行 IP 包等网络层数据的直接转发，没有考虑网络安全和数据安全的问题。

7.2.3　入侵检测系统（IDS）

网络蠕虫、僵尸网络和计算机病毒等网络攻击手段层出不穷，入侵和劫持大量的计算机系统，滥用计算机网络资源、威胁和破坏互联网的基础设施，造成了严重的后果和不可估量的经济损失。在这种情况下，IDS 在网络安全领域显得越来越重要，并得到了广泛的应用和部署。

大家还记得前面讲的防火墙吗？这里用一个形象的比喻来说明防火墙和 IDS 的区别，假如防火墙是一幢大楼的门锁，那么 IDS 就是这幢大楼里的监视系统。一旦小偷爬窗户进入大楼，或内部人员有越界行为，只有实时监视系统才能发现情况并发出警告。

IDS 是为保证信息系统的安全而设计和配置的一种能够及时发现并报告系统中未授权操作或异常现象的设备，它通过数据的采集与分析，实现对行为的检测。它是软件和硬件的组合，能检测、识别和隔离系统中的不良企图，它不仅能监视网上的访问活动，还能对正在发生的攻击行为进行报警。IDS 工作流程如图 7.9 所示。

在本质上，IDS 是一个典型的"窥探设备"。它无须跨接多个物理网段（通常只有一个监听端口），无须转发任何流量，而只需要在网络上被动、无声息地收集它所关心的报文即可。对收集来的报文，IDS 提取相应的流量统计特征值，并利用内置的入侵知识库，与这些流量特征进行智能分析、比较、匹配。根据预设的阈值，匹配耦合度较高的报文流量将被认为是进攻，IDS 将根据相应的配置进行报警或有限度的反击。

IDS 的主要功能包括检测并分析用户和系统的活动、核查系统的配置和漏洞、评估系统关键资源和数据文件的完整性、识别已知的攻击行为、统计分析异常行为，对操作系统进行日志管理、识别违反安全策略的用户活动、对已发现的攻击行为做出适当的反应（如报警、中止进程）等。

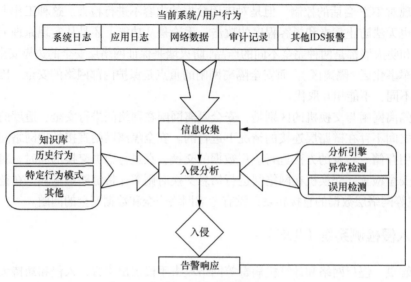

图 7.9 IDS 工作流程

根据检测数据来源的不同，IDS 可分为 HIDS（主机入侵检测系统）和 NIDS（网络入侵检测系统）两类。

1. HIDS

HIDS 能自动进行检测，且能准确及时地做出响应。HIDS 负责监视与分析系统，进行安全记录。例如，当有文件发生变化时，HIDS 将新的记录条目与攻击标识相比较，看其是否匹配，如果匹配，系统就会向管理员报警。在 HIDS 中，对关键的系统文件和可执行文件的入侵检测是其主要内容之一，通常进行定期检查和校验，以便发现异常变化。大多数HIDS 产品（其部署示意如图 7.10 所示）监听端口的活动，在特定端口被访问时向管理员报警。HIDS 可以检测到 NIDS 察觉不到的攻击，如来自服务器键盘的攻击不经过网络，所以可以躲开 NIDS。

2. NIDS

NIDS 以原始的网络包作为数据源，它将网络数据中检测的网卡设为混杂模式，实时接收和分析网络中流动的数据包，从而检测是否存在入侵行为。NIDS 通常利用一个运行在随机模式下的网络适配器来实时检测并分析通过网络的所有通信业务，其部署示意如图 7.11所示。

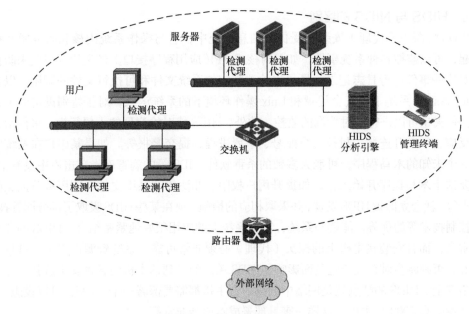

图 7.10　HIDS 部署示意

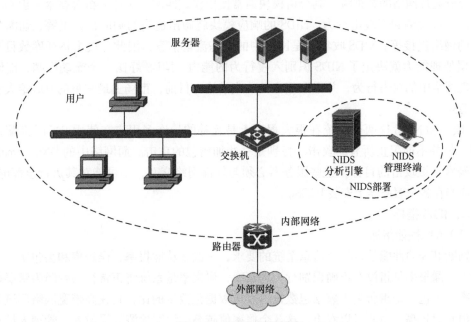

图 7.11　NIDS 部署示意

3. HIDS 与 NIDS 的区别

HIDS 将探头（代理）安装在受保护信息系统中，它与操作系统内核和服务紧密捆绑在一起，可以监控各种系统事件，如对内核或 API（应用程序接口）的调用，以此来防御攻击并对这些事件进行日志记录；还可以检测特定的系统文件和可执行文件的调用，以及进行 Windows NT 系统下的安全记录和 Unix 操作环境下的系统记录；对于特别设定的关键文件和文件夹也可以进行适时轮询的监控。此外，HIDS 能对检测到的入侵行为、事件给予积极的反应，如断开连接、封掉用户账号、杀死进程、提交警报等。如果某用户在系统中植入了一个未知的木马程序，可能大多数的杀毒软件、IDS 等的病毒库、攻击库中没有记载，但只要这个木马程序开始工作，如提升用户权限、非法修改系统文件、调用被监控文件和文件夹等，就会立即被 HIDS 发现，并采取相应的措施。现在某些 HIDS 吸取了部分网管技术、访问控制技术等的优势，能够与系统，甚至系统上的应用很好地紧密结合。HIDS 的技术要求非常高，而且安装在主机上的探头（代理）必须非常可靠，系统资源占用小，自身安全性要好，否则将会对系统产生负面影响。HIDS 关注的是到达主机的各种安全威胁，并不关注网络安全。HIDS 的缺点就是网络中的每一台主机都需要部署一个 HIDS，可以设想一下，如果环境中有 5000 台主机，这样一来，部署成本就会非常高。

NIDS 以网络包作为分析数据源，它通常利用一个工作在混杂模式下的网卡来实时监视并分析通过网络的数据流，其分析模块通常使用模式匹配、统计分析等技术来识别攻击行为。一旦检测到了攻击行为，NIDS 的响应模块就做出适当的响应，如报警、切断相关用户的网络连接等。NIDS 收集的是网络中的动态流量信息，因此，攻击特征库数目多少和数据处理能力就决定了 NIDS 识别入侵行为的能力。NIDS 好比一个流动岗哨，能够适时发现网络中的攻击行为，并采取相应的响应措施。目前，市场上最常见的 IDS 绝大多数是 NIDS。

HIDS 和 NIDS 这两个系统在很大程度上是互补的，许多用户在使用 IDS 时都配置了 NIDS，但并不能阻止所有的攻击，特别是一些加密包的攻击。而网络中的 DNS、email 和 Web 经常是被攻击的目标，这些服务器必须与外部网络交互，不可能对其进行全部屏蔽，所以应当在各个服务器上安装 HIDS。

4. IDS 指标

（1）IDS 性能指标

判断 IDS 的性能是否符合信息系统的要求，一般是从漏报率、误报率和丢包率 3 个方面考虑。漏报率是指没有正确识别行为的概率；误报率是系统将正常行为判断为错误行为的概率；丢包率是指所丢失数据包数量占发送数据包数量的比，它在高带宽网络环境下的概率值相对较高。由此可以看出，这 3 个概率值越高，说明检测效果越差，管理人员对检测系统的信任度也就越低。所以在进行产品的选择时，必须参考这 3 个参数，以选出最适合信息系统的产品。

（2）IDS 功能指标

判断 IDS 的功能是否符合当前信息系统的要求，一般是从事件数量、事件库更新、易用性、资源占用率和抵御能力 5 个方面考虑。

① 事件数量。事件数量可以反映当前系统处理事件的能力，事件数量越多，性能越强。但这并不是说事件数量越多越好，若系统事件的种类大都是过于陈旧的非法事件，而非当前流行的非法事件，那么即使系统能处理的事件数量很多，也只是无谓地加重系统负担。故一般的系统事件数量应在 500 ~ 1000，且应该是当前能够使用的非法事件。

② 事件库更新。事件库更新的快慢是衡量系统功能的又一个重要指标。网络的迅速发展使非法事件的传播速度大大增快，因此事件库的更新速度也应随之加快，否则 IDS 的检测就会失去存在的意义。

③ 易用性。现在市场上的产品多采用特征检测技术，这导致其检测到的多是可能事件，而不是真正的事件。当有大量事件被检测到时，如何以更适合用户查看的方式来显示也是产品必须考虑的问题之一。

④ 资源占用率。系统的存在是为了检测非法事件，以维护系统的正常运行，即其对于信息系统整体而言只是一个保护的设备。所以，系统不能占用过多的网络和系统资源。

⑤ 抵御能力。抵御能力指的是系统在成为攻击目标时抵御攻击的能力。性能优越的系统，应当有足够强的抵御能力和识别隐蔽行为的能力。

7.2.4　入侵防御系统（IPS）

前面提到的 IDS 的防御是被动性的，而不是主动性的，在攻击出现之前，它们往往无法预先发出警报。而 IPS 则倾向于提供主动防护，其设计宗旨是预先对入侵活动和攻击性网络流量进行拦截，避免造成损失，而不是简单地在恶意流量传送时或传送后发出警报。

随着计算机的广泛应用和网络的不断普及，来自网络内部和外部的危险和犯罪行为也日益增多。早期计算机病毒主要通过软盘传播。后来，用户打开带有病毒的电子信函附件，就可以触发附件所带的病毒。以前，病毒的扩散比较慢，杀毒软件开发商有足够的时间研究病毒，开发出杀毒软件。如今病毒数量剧增，质量提高，而且其可以通过网络快速传播，在短短的几小时内就能传遍全世界。有的病毒还会在传播过程中改变形态，使杀毒软件失效。目前流行的攻击程序和有害代码如 DoS（拒绝服务）、DDoS、暴力拆解、端口扫描、嗅探、病毒、蠕虫、垃圾邮件、木马等。

网络入侵方式越来越多，有的充分利用防火墙的放行许可，有的则使杀毒软件失效。

例如，在病毒刚进入网络时，没有一个杀毒软件开发商可迅速开发出相应的辨识、消灭程序，于是这种全新的病毒就会大肆扩散、肆虐于网络，给单机或网络资源带来危害，这就是所谓的零时差攻击。

防火墙可以根据 IP 地址或服务端口过滤数据包。但是，它对于利用合法 IP 地址和端口而从事的破坏活动则无能为力。因为防火墙极少深入数据包检查内容。即使使用了 DPI（深度包检测）技术，其本身也面临着许多挑战。

每种攻击代码都具有只属于它自己的特征，我们可以通过这些特征进行识别，同时它们也与正常的应用程序代码有区别。杀毒软件就是通过存储所有已知的病毒特征来辨识病毒的。

在 OSI 网络层次模型中，防火墙主要在第二层到第四层发挥作用，在第四层到第七层一般作用很微弱。而杀毒软件主要在第五层到第七层发挥作用。为了弥补防火墙和杀毒软件二者在第四层到第五层之间留下的空档，几年前，工业界 IDS 被投入使用。IDS 在发现异常情况后及时向网络安全管理人员或防火墙系统发出警报。可惜这时灾害往往已经形成。所以防卫机制最好能在危害形成之前发挥作用。随后应运而生的 IRS（入侵响应系统）作为对 IDS 的补充能够在发现病毒入侵时，迅速做出反应，并自动采取阻止措施。而 IPS 则作为二者的进一步发展，汲取了二者的长处。

IPS 也像 IDS 一样，专门深入网络数据内部，查找它所认识的攻击代码特征，过滤有害数据流，丢弃有害数据包，并进行记录，以便事后分析。除此之外，更重要的是，大多数 IPS 同时综合考虑应用程序或网络传输中的异常情况，辅助识别入侵和攻击。例如，用户或用户程序违反安全条例、数据包在不应该出现的时段出现等现象。IPS 虽然也考虑已知的病毒特征，但是它并不仅仅依赖于已知的病毒特征。

应用 IPS 的目的在于及时识别攻击程序或有害代码及其克隆和变种，采取预防措施，先期阻止入侵，防患于未然，或者使其危害性降到最低。IPS 一般作为防火墙和杀毒软件的补充来使用。在必要时，它还可以为追究攻击者的刑事责任而提供法律上有效的证据。

在网络安全中为什么要采用 IPS 呢？主要有以下几个原因。

（1）串行部署的防火墙可以拦截低层攻击行为，但对应用层的深层攻击行为无能为力。

（2）旁路部署的 IDS 可以及时发现穿透防火墙的深层攻击行为，作为防火墙的有益补充，无法实时阻断。

（3）IDS 和防火墙联动：通过 IDS 来发现攻击行为，通过防火墙来阻断攻击行为。但由于迄今为止没有统一的接口规范，加上越来越频发的"瞬间攻击"（一个会话就可以达成攻击的效果，如 SQL 注入、溢出攻击等），IDS 与防火墙联动在实际应用中的效果并不显著。

IPS 是一种能防御防火墙所不能防御的深层入侵威胁（入侵检测技术）的在线部署（防

火墙方式）安全产品。IPS 对那些被明确判断为攻击行为，会对网络、数据造成危害的恶意行为进行检测和防御，降低或是减免使用者对异常状况的处理资源开销，是一种侧重于风险控制的安全产品。

IDS 对那些异常的、可能是入侵行为的数据进行检测和报警，告知使用者网络中的实时状况，并提供相应的解决、处理方法，是一种侧重于风险管理的安全产品。

这也解释了 IDS 和 IPS 的关系——并非取代和互斥，而是相互协作。当没有部署 IDS 时，人们只能凭感觉判断应该在什么地方部署什么样的安全产品；广泛部署 IDS 时，了解了网络的当前实时状况，据此状况可进一步判断应该在何处部署何类安全产品（如 IPS 产品等）。

7.2.5　恶意代码防范产品

恶意代码是指故意编制或设置的、对网络或系统会产生威胁或潜在威胁的代码，也常常被定义为没有有效作用，但会干扰或破坏计算机系统或网络功能的程序、代码或一组指令。恶意代码的存在形式包括二进制代码或文件、脚本语言或宏语言等；表现形式包括病毒、蠕虫、后门程序、木马、流氓软件、逻辑炸弹等。恶意代码通过抢占系统资源、破坏数据信息等手段干扰系统的正常运行，它是信息安全的主要威胁之一。恶意代码防范可以采用防火墙配置 AV（防病毒）模块形式，也可采用杀毒网关等。恶意代码的防范可从以下几方面入手。

1. 恶意代码的检测

恶意代码的检测是指收集并分析网络和系统中若干关键点的信息，发现其中是否存在违反安全策略的行为及被攻击的痕迹。恶意代码检测的常用技术包括特征码扫描技术、沙箱技术、行为检测技术等。

（1）特征码扫描技术

特征码扫描技术是在恶意代码检测中使用的一种基本技术，被广泛应用于各类恶意代码清除软件中。每种恶意代码中都包含某个特定的段，即特征码。在进行恶意代码扫描时，扫描引擎会将系统中的文件与特征码进行匹配，如果发现系统中的文件存在与某种恶意代码相同的特征码，就认为存在恶意代码。因此，特征码扫描过程就是特征串匹配的过程。

特征码扫描技术是一种准确性高、易于管理的恶意代码检测技术。但是这种技术也存在一定的弊端，一方面，随着恶意代码数量的增加，特征库规模不断扩充，扫描效率越来越低；另一方面，该技术只能用于已知恶意代码的检测，不能发现新的恶意代码。此外，如果恶意代码采用了加密、混淆、多态变形等自我防护技术，特征码扫描技术也难以发挥作用。

（2）沙箱技术

沙箱技术是将恶意代码放入虚拟机中执行的一种技术，其执行的所有操作都以虚拟化

的形态运行，不改变实际操作系统。虚拟机通过软件和硬件虚拟化，让程序在一个虚拟的计算环境中运行，这就如同在一个装满细沙的箱子中允许随便地画画、涂改，这些画出来的图案在沙箱里很容易被抹掉。

沙箱技术能较好地解决变形恶意代码的检测问题。经过加密、混淆或多态变形的恶意代码放入虚拟机后，将自动解码并开始执行恶意代码操作，由于运行在可控的环境中，通过特征码扫描等技术就可以检测出恶意代码的存在。

（3）行为检测技术

行为检测技术是通过对恶意代码的典型的行为特征进行分析，如频繁连接网络、修改注册表、内存消耗过大等，确定恶意代码操作行为的一种技术。行为检测技术将这些典型行为特征和用户合法操作规则进行分析和研究，如果某个程序运行时，发现其行为违反了合法程序操作规则，或者符合恶意代码程序操作规则，则行为检测技术会判断其为恶意代码。

行为检测技术根据程序的操作行为分析、判断其是否存在恶意性，可用于对未知病毒的发现。由于目前行为检测技术对用户行为难以全部掌握和分析，因而容易产生较大的误报率。

2. 恶意代码的分析

恶意代码的分析是指利用多种分析工具掌握恶意代码样本程序的行为特征，了解其运行方式及其危害的一种做法，它是准确检测和清除恶意代码的关键环节。为了抵抗软件，恶意代码使用的隐藏和自我保护技术越来越复杂，这使其可以在系统中长期生存。目前，常用的恶意代码的分析方法分为静态分析方法和动态分析方法两种。这两种方法结合使用，能较为全面地收集恶意代码的相关信息，以达到较好的分析效果。

（1）静态分析方法

静态分析方法不需要实际执行恶意代码，它通过对其二进制文件进行分析获得恶意代码的基本结构和特征，了解其工作方式和机制。恶意代码特征分析方法是静态分析方法中使用的一种基本方法，它通过查找恶意代码二进制程序中嵌入的可疑字符串，如文件名称、URL（统一资源定位符）、域名、调用等来进行分析、判断。反分析使用工具将恶意代码程序或感染恶意代码的程序本身转换成代码，通过相关分析工具对代码进行词法、语法、控制流等分析，掌握恶意代码的功能结构。

由于不需要运行恶意代码，静态分析方法不会影响运行环境的安全。另外，系统通过静态分析方法可以分析出恶意代码的所有执行路径，但是随着程序复杂度的提高、执行路径数量增加、冗余路径增多，静态分析法的分析效率大大降低。

（2）动态分析方法

动态分析方法指在虚拟运行环境中使用测试及监控软件，检测恶意代码的行为，分析其执行流程及处理数据的状态，从而判断恶意代码的性质，掌握其行为特点。动态分析方法针对性强，并且具有较高的准确性，但其分析过程中覆盖的执行路径有限，完整性难以保证。

恶意代码一般会对运行环境中的系统文件、注册表、系统服务及网络访问等造成不同程度的影响，因此利用动态分析方法监控系统进程、文件和注册表等出现的非正常操作和变化，可以对监控到的非法行为进行分析。另外，恶意代码为了进入系统并实现对系统的攻击会修改接口、改变执行流程、输入/输出参数等。因此，动态地分析检测系统的运行状态及数据流转换过程，能判别出恶意代码行为和正常软件操作行为。

3. 恶意代码的清除

恶意代码的清除是指根据系统恶意代码的感染过程或感染方式将恶意代码从系统中删除，使被感染的系统或被感染的文件恢复正常的过程。

（1）引导区型恶意代码的清除

引导区型恶意代码是一种通过感染系统引导区获得控制权的恶意代码。由于恶意代码寄生在引导区中，因此人们可以在合法用户前获得系统控制权，其清除方式主要是对引导区进行修复，恢复正常的引导信息，恶意代码随之被清除。

（2）文件依附型恶意代码的清除

文件依附型恶意代码是一种通过将自身依附在文件上的方式以获得生存和传播的恶意代码。由于恶意代码将自身依附在被感染的文件上，因此，只需根据感染过程和方式，对感染的文件进行操作就可以清除恶意代码。

典型的文件依附型恶意代码通常是将恶意代码程序追加到正常文件的后面，然后修改程序首指针，使程序在执行时先执行恶意代码，跳转后再去执行真正的程序，这种感染方式会使文件的长度增加。清除的过程相对简单，将文件后的恶意代码清除，并修改程序首指针使之恢复正常即可。

部分恶意代码会将自身进行拆分，插入被感染的程序的自由空间内。例如，著名的CIH 就是将自身拆分开，放置在被感染程序中没有使用的部分，这种方式不会导致被感染文件的长度增加。与前一种感染文件后端的恶意代码的清除过程相比，这种类型的恶意代码的清除要复杂得多，只有准确了解该类恶意代码的感染方式，才能有效清除。

还有一些文件依附型恶意代码是覆盖型文件感染恶意代码，这类恶意代码程序会用自身覆盖文件部分，因此，清除这类恶意代码会导致正常文件被破坏，无法修复，只能用没有被感染的原始文件覆盖被感染的文件。

（3）独立型恶意代码的清除

独立型恶意代码自身是独立的程序或独立的文件，如蠕虫等，是恶意代码的主流类型。清除独立型恶意代码的关键是找到恶意代码程序，并将恶意代码从内存中清除，然后就可以删除恶意代码程序。

如果恶意代码自身是独立的可执行程序，该代码会有运行进程，因此需要对进程进行分析，查找到恶意代码程序的运行进程，将进程终止后，从系统中删除恶意代码文件，并

将恶意代码对系统的修改还原，就可以彻底清除该类恶意代码。

如果恶意代码是独立文件，但并不是一个独立的可执行程序，而是需要依托其他可执行程序的运行和调用才能加载到内存中，如利用DLL（动态链接库）注入技术注入程序中的恶意代码DLL文件（.dll）、利用设备驱动加载的系统文件（.sys）等，则清除这种类型的恶意代码也需要先终止恶意代码运行，使其从内存中退出。与前一种恶意代码不同的是，这种类型的恶意代码是由其他可执行程序加载到内存中的，因此需要将调用的可执行程序从内存中退出，恶意代码才会从内存中退出，相应的恶意代码文件也才能被删除。如果调用恶意代码的程序为系统关键程序，无法在系统运行时退出，在这种情况下，需要将恶意代码与可执行程序之间的关联设置删除，重新启动系统后，恶意代码就不会被加载到内存中，文件才能被删除。

（4）嵌入型恶意代码的清除

部分恶意代码会嵌入应用软件中，如攻击者利用网上存在的大量开源软件将恶意代码加入某开源软件中，然后编译相关程序，并发布到网上吸引用户下载，从而获得用户敏感信息、重要数据。由于这种类型的恶意代码与目标系统结合紧密，通常需要通过更新软件或系统，甚至重置系统才能清除。

7.2.6 网络安全审计

网络安全审计可分为内网安全审计和外网接入审计两种，旨在对信息系统中与网络安全活动相关的信息进行识别、记录、存储和分析。网络安全审计工具可以记录信息系统的运行状况，当信息系统发生故障时，网络安全审计工具可以帮助分析人员进行系统事件的重建和故障分析，让管理人员清晰、完整地认识系统的故障，降低类似故障发生的可能性。同时网络安全审计工具还可作为调查取证工具，为安全事故后的取证与分析过程服务，确保相关用户可以对其行为负责，在一定程度上对潜在的攻击者起到震慑的作用。网络安全审计工具还可以进行安全事件的检测，对系统的攻击及时进行报警处理，降低系统被非法入侵的概率。

1. 网络设备的安全审计

（1）路由器审计管理

路由器开启系统日志功能，可以完成对网络设备的运行状态、网络流量等的检测和记录，开启审计功能，可以记录事件日期、用户、事件类型等审计相关的信息。我们应对通过分析审计记录得到的审计报表进行保护，保证其不被删除、修改等。

（2）交换机审计管理

交换机的审计管理和路由器的审计管理内容相似，可采取相似的方法进行日志信息的保护和分析等。

（3）防火墙审计管理

不同产品配置方法存在较大差异，其审计功能的管理方式也不尽相同，但只要满足一般审计要求，其审计管理内容相似，可采取与路由器或防火墙相似的方法进行日志信息的保护和分析等。

2．网络安全审计系统

网络安全审计系统可以对网络中的设备和系统运行过程中产生的信息进行实时采集和分析，同时也可对各种软硬件系统的运行状态进行监测。当发生异常情况时，网络安全审计系统可以立即发出警告信息，并向网络管理员提供详细的审计报告和异常分析报告，让网络管理员可以及时发现系统的安全隐患，以采取有效措施来保护网络系统的安全。

网络安全审计系统适用于不同厂商的设备或系统，这为其采集分析多种类型的日志数据提供了基础。为了便于日志信息的查看和管理，网络安全审计系统还可以通过内部的转换，将采集到的各种日志格式转换为统一的日志格式，并支持日志信息以报表的形式显示；而且它能够实现网络安全事件的统计分析，其自动生成的分析报告和统计报表可以成为被攻击的有力证据。

网络安全审计系统一般包括数据管理中心、网络探测引擎和审计中心3个部分。数据管理中心与网络探测引擎之间为一对多的对应关系，这样的设计既可实现资源的合理利用，又可实现网络安全审计系统要求的功能。

数据管理中心包括管理、引擎管理和配置管理3个部分，可分别对连接信息、网络探测引擎信息和被审计对象进行管理。网络探测引擎可以对侦听到的网络信息流及其所有的数据包进行分析，并将分析结果传递到相应的数据管理中心，为网络管理员进行网络行为的分析和处理提供数据支撑。审计中心则主要进行审计管理和用户管理，实现分权限查询审计信息的历史记录，为审计信息的安全提供保障。

7.2.7　上网行为管理系统

要想为用户提供高速、稳定、高安全性和管理性的网络设备和服务，既要提供完备的网络安全和管理控制的处理功能，满足灵活多样的网络拓扑，又不能存在网络瓶颈，影响网络的正常通信带宽和业务。但为了处理繁重的安全检查和加解密等工作，很多现有网络安全设备会被降低处理速度，牺牲网络带宽，而很多恶意攻击是针对安全设备本身的，这对现有网络设备的性能和可靠性来说是一个挑战。

总体来讲，一个好的上网行为管理系统需要解决以下问题。

（1）如何确保网络的高可靠性？

（2）如何快速部署新的网络服务？

（3）如何控制内网用户的行为？

（4）如何了解网络故障影响的用户？

1. 上网行为管理系统的应用背景

一个 100 人的企事业单位，每人每天花 2 小时在工作时间段做私事，按时薪 10 元计算，一天给企业带来的无形损失就达到 2000 元，一个月的直接损失至少达到 40000 元；而间接损失，如通过邮件、聊天泄露商业秘密，非法下载影响公司的正常网络应用等，则无法估量。

计算机和互联网在为企业带来生产力的同时，也给企业的管理带来了更大的挑战，尤其对于一些大中型企业，随着互联网的发展，其带来的问题也日渐突出。如果企业不加以重视，互联网不但不能成为企业的生产力，还会成为企业的埋葬者。互联网带来的问题主要包括以下几个方面。

（1）用户众多，无法统一管理

网络中用户数量众多，企业的不同部门对网络的应用需求不一，从而很难对这些用户采用一刀切的方式进行管理，必须要根据应用特点来准确引导网络应用，这就大大增加了管理网络的难度。

（2）管理困难，难以有效度量网络状况

管理者不能直观看到内部发生的网络行为，不能实时、有效地进行统一管理，审计、分析、统计都变得相当困难，没有清晰的上网行为管理数据供领导部门决策参考。

（3）内部机密信息泄露

用户内部重要资料和秘密资料被有意或无意地通过网络 Web 服务器、email、QQ 和 MSN 等途径向外散发，或被别有用心的人截获而加以利用，给企业的信息安全带来极大的隐患。同时，信息的无意泄露可能会给公司带来极大的外部压力。

（4）从事网络违法行为，带来法律风险

网上言论得不到规范，员工在工作时间访问不健康网站、恶意发帖、发表不当言论等都会带来法律风险。

（5）员工工作效率低，存在网络怠工现象

员工用大量工作时间浏览新闻网站、玩网络游戏等，使员工工作效率降低，这种现象被称为网络怠工。

（6）网速和带宽效率下降，办公成本增加

非工作需要使用网络的行为日益增加，严重消耗网络带宽，正常的业务通信得不到保障，只能通过增加办公成本来增加带宽，但是网速和带宽没有得到根本的改善，仍然存在一个人占用带宽，其他人无法使用网络的情况。

2. 上网行为管理系统的主要功能

（1）网页访问过滤

互联网上的网页资源非常丰富，如果员工长时间访问具有高度安全风险的网页，以及购物等与工作无关的网页，将极大地降低工作效率。

通过上网行为管理系统，用户可以根据行业特征、业务需要和企业文化来制定个性化的网页访问策略，过滤非工作相关的网页。

（2）网络应用控制

聊天、看电影、玩游戏……互联网上的应用可谓五花八门，如果员工长期沉迷于这些应用，也将会极大地降低企业生产效率，还可能造成网速缓慢、信息外泄。

通过上网行为管理系统，用户可以制定有效的网络应用控制策略，封堵与业务无关的网络应用，引导自身在合适的时间做合适的事。

（3）带宽流量管理

P2P（点对点）下载、在线游戏、在线看电影、追剧等都在抢占着有限的带宽资源。面对日益紧张的带宽资源，除增加预算、扩充带宽外，企业还可以选择合理化分配和管理带宽。

通过上网行为管理系统，企业可以制定精细的带宽管理策略，为不同岗位的员工、不同网络应用划分带宽通道，并设定优先级，合理利用有限的带宽资源，节省投入成本。

（4）信息内容审计

发邮件、泡 BBS（公告板系统）、写微博已经司空见惯，然而信息的机密性、健康性等问题也随之而来。

通过上网行为管理系统，用户可以制定全面的信息收发监控策略，有效控制关键信息的传播范围，避免可能引起的法律风险。

（5）上网行为分析

随着互联网上的活动越来越多，企业实时掌握员工使用互联网的状况可以避免很多隐藏的风险。

通过上网行为管理系统，企业可以实时了解、统计、分析互联网使用状况，并根据分析结果对管理策略进行调整和优化，从而有效地帮助企业有选择地管理、查看带宽流量等，减少病毒入侵，对员工上网进行正确引导。

3. 上网行为管理系统的应用效果

（1）提升工作效率

管理者难以阻止员工在上班时间浏览无关网站、QQ 聊天等与工作无关的网络行为，员工工作效率的下降将直接影响企业的竞争力。而上网行为管理系统有助于减少与工作无

关的上网行为，让员工专注于自己的工作。

（2）提升带宽利用率

上网行为管理系统对严重吞噬带宽的 P2P 行为不仅能彻底封堵，还能对其占用的带宽进行流量管控；基于用户（组）、时间段、应用类型的带宽管理和带宽通道划分，结合智能 QoS（服务质量）技术，既保证了业务应用对带宽的需求，又避免了对带宽的滥用，从而提升带宽的使用效率。

（3）提升内网的安全级别

浏览不健康网站、用心不良的网站和下载安装未知文件等行为，可能会导致木马等病毒被员工主动"邀请"进入内网。上网行为管理系统可以过滤该行为，并提供网关杀毒功能，从源头消除威胁。源自内网的 DoS 攻击、ARP（地址解析协议）欺骗等也将被彻底防御。该系统也能检测发现企业内网使用低版本操作系统、不及时打补丁、不安装指定的杀毒 / 防火墙软件、安装使用违规软件的终端行为，从而补齐内网安全短板。

（4）保护企业信息资产安全

员工使用邮件可能将企业的机密信息发送到公网，甚至发送给竞争对手，上网行为管理系统的"邮件延迟审计"技术将彻底防范该泄密行为；也可过滤和记录员工的发帖行为；针对 QQ、MSN 等聊天活动系统将发出聊天工具泄密的行为警示。

（5）避免法律风险

员工利用企业互联网连接、访问一些不良网站，发表非法言论等将导致企业违反法律法规、承受法律诉讼等。上网行为管理系统可以管控和过滤员工的此类行为，并详细记录和审计员工的各种网络行为日志，做到有据可查，使企业避免法律风险。

7.3　安全区域边界防护方案

根据安全区域边界技术标准，针对不同的要求，可以制定不同等级的安全区域边界防护方案。

7.3.1　边界访问控制

1. 边界防护与访问控制

针对新的边界安全威胁，边界访问控制已经成为基本的安全措施，但为了更加有效地应对当前的网络威胁，防火墙应当更加智能化、联动化，以满足安全有效性和防御实时性的切实需求。

防火墙一般部署在各安全域边界，在互联网接入边界、安全管理区边界、核心业务区边界均需单独部署防火墙，设置严格的访问控制规则，并定期进行策略的检查和优化。

2. 边界隔离与访问控制

为了在保证数据信息实时传递的同时实现强逻辑安全隔离，需要采用安全隔离网闸，保障"内外网安全隔离"及"适量的信息交换"。

安全隔离技术的工作原理是使用带有多种控制功能的固态开关读写介质连接两个独立的主机系统，模拟人工在两个隔离网络之间的信息交换。其本质在于两个独立主机系统之间不存在通信的物理连接和逻辑连接、不存在依据 TCP/IP 的信息包转发，只有格式化数据块的无协议"摆渡"。被隔离网络之间的数据传递方式采用完全的私有方式，不具备任何通用性。

针对不同的业务场景，安全隔离网闸有不同的部署方式，常见的部署设计如下。

（1）数据库安全同步部署方式

针对电子政务等场景，允许公众通过互联网提交服务申请并查询结果，但不允许公众直接访问核心数据库，可在核心数据库服务器和外部不可信网络间部署安全隔离网闸，在 Web 服务区部署前置数据库，来自互联网的用户只能通过 Web 服务器访问到前置数据库服务器。根据安全策略定时将前置数据库和核心数据库的内容进行同步，既可满足对外服务的要求，又提供了安全保障。

（2）文件安全交换部署方式

在内、外网之间部署网闸系统，由安全管理员制定相应的信息交换策略，如交换方向、文件类型，只允许或不允许包含相应内容的文件通过等，可对文件进行内容、病毒检查等处理，安全隔离网闸定时进行文件交换。

7.3.2 边界入侵防范

1. 边界入侵防御

在网络区域的边界处，需要部署入侵防御设备对网络攻击行为进行检测与阻断，并及时产生报警和生成详尽的报告。

2. APT 攻击检测

APT 攻击检测设备旁路部署在核心交换机上，对用户网络中的流量进行全量检测和记录，所有网络行为都将以标准化的格式保存于数据平台，云端威胁情报和本地文件威胁鉴定器的分析结果与本地分析平台进行对接，为用户提供基于情报和文件检测的威胁发现与溯源的能力。

7.3.3 边界完整性检测

1. 网络安全准入

针对网络层的非授权连接行为，可以通过网络安全准入系统进行控制。

网络安全准入系统采用旁路部署，通过监听来发现和评估终端入网是否符合遵从条件，判断终端能否安全访问企业核心资源，不符合的终端会被自动拦截，要求认证或安装客户端才能进行访问，并配置入网安全检查策略；对不符合的终端进行隔离和修复，达到合规入网的管理规范要求。

2. 违规外联检测

对于终端的非法外联，可以通过终端安全管理系统或者采用专业的上网行为管理系统进行控制。终端安全管理系统可对终端的外联端口、外联能力进行检查和阻断，上网行为管理系统通过在网络出口处进行安全策略的配置，限制企业中用户的非法外联行为；上网行为管理系统还可以串接和旁路镜像部署在企业的互联网出口处，在串接模式下，串接方式能实现对上网行为的控制，并完整审计所有上网数据。串接包括网桥和网关两种模式，采用网桥模式时，当企业拥有两个互联网出口，且内部不同子网需要通过不同的互联网出口连接互联网时，上网行为管理系统可提供双入双出、双网桥的部署模式，通过一台设备即可同时管控两条链路内的用户互联网行为。

7.3.4 边界恶意代码检测

下一代防火墙一般均具有专业的 AV 模块，能在网络重要节点处（如互联网入口）进行病毒的检测和清除，但考虑到部分企业已有的防火墙性能不高，也可以采用专业的防病毒网关，在网络边界处进行病毒的检测和阻断。

为实现对病毒的实时阻断，在互联网边界需串接防火墙，开启 AV 模块，或在防火墙后串接专业的防病毒网关，从网络层检测和阻断恶意代码。

7.3.5 网络安全审计部署方案

网络安全审计系统通过镜像获取核心交换机上的流量数据，可对整个网络的流量进行审计分析、对用户的行为进行审计。

网络安全事件的踪迹一般都分布在网络的边界设备、安全设备、访问控制设备的日志中，网络安全审计系统除对网络流量中用户的行为进行审计分析外，发现网络安全事件也是其重要目标。网络安全审计系统通过收集网络设备、安全设备、服务器、应用系统等的日志信息，结合网络流量日志进行关联分析，可以快速发现网络安全事件，并进行定位和报警。

网络安全审计系统旁路部署在核心交换机上，通过分析网络流量进行用户行为的分析审计。

Chapter 8
第 8 章
计算环境安全

国家的稳定需要一个权力中枢来协调各种资源、处理各种国家大事。例如，在清朝，有个官署叫军机处，也称"军机房""总理处"。是清朝时期的中枢权力机关，设立于雍正七年（1729 年）。雍正十年（1732 年），改称"办理军机处"。设军机大臣、军机章京等，均为兼职。乾隆帝时期复设军机处，从此军机处成为清朝的中枢权力机关，一直到清末。

对于封建政权来说，军机处的安保实际上和京师安保、皇宫（皇帝）安保一样，是皇权稳定、江山统一的关键保障。先来看一看清朝京师安保的情况，清朝皇帝到底有多少禁卫军呢？

皇宫内卫士主要有侍卫和亲军营。侍卫分 6 个等级，即御前侍卫、乾清门侍卫、一等侍卫、二等侍卫、三等侍卫、蓝翎侍卫，规模在 600 人左右，是确保皇帝安全的最后一道防线。亲军营，由满蒙上三旗另选侍卫亲军组成，一般维持在 1400 人的常规编制。除上三旗的精锐武装力量之外，清朝皇帝还有一支特殊武装力量，常规编制约 7000 人，负责皇宫十二宫门的守卫和巡查。

皇宫外，还有由八旗指挥的负责京师安全的卫戍部队 15000 人，以及步军统领衙门负责指挥的 60000 人。从御前侍卫诸等帝王贴身护卫到步军统领衙门下属京师护卫，清朝帝王身边的正规护卫多达 10 万人。

在网络空间中，计算环境就是网络世界的权力中枢，计算环境的安全是确保信息系统稳定运行的最重要一环。稍有不慎，将导致巨大的损失，甚至是信息系统的崩溃。

8.1 计算机发展史

当然，要想系统地了解计算环境安全，还得从计算机的发展史开始讲起。

8.1.1 计算机硬件发展史

计算机无疑是程序员们最重要的工作伙伴。

提起第一台计算机，很多人都会脱口而出，它的名字是 ENIAC，如图 8.1 所示。有人也可能会说是 ABC 计算机（阿塔纳索夫 - 贝瑞计算机）。

但今天要说的不是第一台计算机，而是第一代计算机——真空管计算机。

真空管是弗莱明在 1904 年发明的，使用玻璃外壳密封，里面装有碳丝和铜板，其内部接近真空，如图 8.2 所示。它具有单向导通的能力，是一种二极管。1907 年，德福雷斯特在真空二极管的基础上发明了真空三极管，这种真空管可通过栅极电压控制阴极到阳极之间的电流，也可以当作压控开关。

图 8.1 世界上第一台"可编程"计算机 ENIAC

图 8.2 真空管

第一代计算机就利用了真空管技术，包括赫赫有名的 ENIAC。ENIAC 使用了 17468 根电子真空管，耗电功率约 150kW。但真空管体积大、耗电量大，不能长时间工作。

ENIAC 的诞生与第二次世界大战有着莫大的关系。为了研制和开发新型大炮，美国陆军军械部在马里兰州设立了弹道研究实验室。为了解决每天面临的大量弹道计算问题，1942 年试制高速电子管计算装置的设想被提出，ENIAC 也在 1946 年顺利建成。

第一代计算机只能通过机器指令、汇编语言进行编程，整个过程异常复杂。很快，

1947 年，随着晶体管的诞生，采用晶体管制造的第二代电子计算机应运而生。

1954 年，美国贝尔实验室（晶体管和光电池也是该实验室的研究人员发明的）研制出了第一台使用晶体管线路的计算机，取名为"崔迪克"（TRADIC），其装有 800 只晶体管，如图 8.3 所示。

1958 年，IBM 公司制成了第一台全部使用晶体管的计算机 RCA501，第二代计算机才算是正式登上了舞台。相较于电子管，晶体管体积更小、寿命更长、效率更高。

第二代计算机所使用的语言仍然是"面向机器"的语言。尽管如此，第二代计算机却为高级语言的出现打下了良好的基础。

图 8.3 第一台使用晶体管线路的计算机——TRADIC

20 世纪 50 年代后期到 60 年代，集成电路的快速发展也促进了第三代电子计算机的诞生。1964 年，采用中小规模集成电路制造的第三代电子计算机开始出现，于 20 世纪 60 年代末大量生产。

第三代计算机采用了每个基片上集成几个到十几个电子元器件的小规模集成电路和每个基片上集成几十个元器件的中规模集成电路。计算机软件技术的进一步发展，尤其是操作系统的逐步成熟是第三代计算机的显著特点。

这时，最有影响力的是 IBM 公司研制的 System/360 计算机（如图 8.4 所示），DEC 公司研制的小型计算机 PDP-8 计算机、PDP-11 计算机以及后来的 VAX-11 计算机等。第三代计算机将运算速度提高到了每秒几十万至几百万次，也出现了"面向人类"的编程语言——高级语言。

从 20 世纪 50 年代中叶到 20 世纪 70 年代，很多流行的高级语言已经被大多数计算机公司采用，并固化在了计算机内存中，如 BASIC、FORTRAN、C 等 250 多种高级语言。

图 8.4 IBM 公司研制的 System/360 计算机

1967 年，大规模集成电路出现；1977 年，超大规模集成电路出现。由大规模和超大规模集成电路组装成的计算机被称为第四代计算机。

美国 ILLIAC-IV 计算机是第一台全面使用大规模集成电路作为逻辑器件和存储器的计算机。美国阿姆尔公司研制的 470V/6 型计算机、日本富士通公司研制的 M-190 计算机、英国曼彻斯特大学研制的 ICL2900 计算机是比较有代表性的第四代计算机。

直到这时，微处理器和微型计算机才出现。1971 年英特尔公司研制出了 MCS-4 微型计算机——CPU 为 4040 的 4 位机。随后，该公司又推出了 MCS-80 型（CPU 为 8080 的 8 位机）。

1978—1983 年，16 位微型计算机开始蓬勃发展，这一时期的顶峰产品是苹果公司的 Macintosh 计算机（如图 8.5 所示）和 IBM 公司的 PC/AT286 微型计算机。

1983 年之后，32 位微型计算机开始出现，微处理器也相继推出 80386、80486 等产品。

1993 年，英特尔公司推出了 64 位的奔腾（Pentium）系列微处理器。Pentium IV 已经成为主流产品。由此可见，微型计算机的性能与微处理器的性能有紧密的联系。

第四代计算机的时代到目前仍未落幕，尽管量子计算机、生物计算机等名词层出不穷，但它们在正式商用量产之前，都只是对未来的探索。

图 8.5　Macintosh 计算机

8.1.2　计算机软件技术与架构演进

这一节用一种相对容易理解的方式来聊一聊 30 年来计算机软件和互联网应用开发的技术和架构。从上一节的内容我们知道，早期的计算机又大又笨，主要作为科研工具，使用局限性较大，这里不再展开讨论。

20 世纪 90 年代，计算机行业正式在国内生根发芽，互联网也是在 20 世纪 90 年代后期才慢慢进入大众视线的。所以，20 世纪 90 年代的软件开发通常不是以互联网应用为主，而是以单机应用为主。单机应用怎么开发呢？其实比较简单，就是用一门编程语言直接绘制一个界面，通过调用操作系统底层的接口来实现一些功能，如音乐播放器、杀毒软件、输入法、办公软件（如 Office 或 WPS 等）、单机游戏。所以这类软件不存在什么架构可言，

主要是功能驱动型软件，如果非得要画张图来展示这类软件的工作机制，也比较简单，如图 8.6 所示。

目前，这类单机应用依然存在，如很多操作系统内置的软件也都属于这类单机应用。程序员在开发这类软件时主要学习的技术有两个：一个是操作系统底层类库，如 Windows 操作系统的 MFC（微软基础类库），或者 Linux 操作系统的 Qt，或者针对图形图像处理的 DirectX 和 OpenGL 等，操作系统底层类库主要解决了操作系统底层能力的封装问题，使开发过程更加快捷，事实上，即使软件开发技术发展到现在，依然无法超越操作系统，所以底层类库的调用一直存在，只是很多新的编程语言或编程框架将这类库进行了再封装，使编程过程变得比较简单而已。另一个是编程语言本身，除了编程语言本身的特性（如控制结构、面向对象、函数库、扩展库等），还需要了解如何绘制界面，如何操作按钮、文本框，如何打开对话框，如何播放音乐、视频，如何美化窗口样式等。掌握这两项技能，程序员就具备足够的能力开发一个单机应用了。单机应用开发人员不需要在架构方面做过多工作，重点是把界面设计得漂亮一点儿，把功能做得丰富一些，优化一下 CPU 和内存消耗即可。

1995 年左右，互联网开始萌芽，3 个技术的标准化使互联网应用变为可能，一是 HTTP（也就是目前应用最为广泛的应用层通信协议，其可与 TCP/IP 相媲美，无论是 Web 应用，还是网络应用或者是 App，都应优先使用或者全部使用 HTTP 或 HTTPS 进行应用间通信）；二是 HTML（也就是在浏览器内可以解析的一堆指令集合，浏览器可以通过解析 HTML 来渲染出一个网页界面）；三是浏览器（最开始主要是网景公司推出的 Netscape 浏览器，后来微软加入竞争）。一个互联网应用能够真正产生价值，这三者缺一不可。而在互联网领域，由于是多用户访问，所以形成了早期标准的 B/S（浏览器 / 服务器）架构，B/S 架构访问方式如图 8.7 所示。

图 8.6　单机用户访问　　　　　　　　图 8.7　B/S 架构访问方式

注意，所有的通信过程都是双向通信，B/S 架构慢慢地让程序员开始思考架构层面的东西，架构设计开始萌芽。除了 B/S 架构，还有 C/S（客户 / 服务器）架构，C/S 架构访问方式如图 8.8 所示，既然有服务器的支持，需要使用网络协议，为什么 C/S 架构使用网络协议不受限制，而 B/S 架构只能使用 HTTP 呢？其实使用哪种协议通信完全是程序员们讨论的结果。B/S 架构基于浏览器和服务器之间的通信，HTTP 是浏览器和服务器之间进行通信的标准协议，所以 B/S 架构的通信协议必然是 HTTP（或衍生协议），而在 C/S 架构中，则可以选择任意协议进行通信，但是谈到互联网上的协议，通常默认的是应用层协议，其底层协议是 TCP/IP。

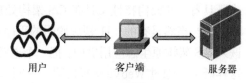

图 8.8　C/S 架构访问方式

那么 C/S 架构的 C 端与服务器如何通信呢？使用什么协议比较好呢？其实这完全根据自己的系统需求来定，可以直接使用 TCP 或 UDP 进行通信，也可以使用 HTTP 通信，还可以自定义一个应用层协议（如 QQ 的应用层协议叫 OICQ），或者使用特定的通信协议实现特定的功能（如 Foxmail、Outlook 软件则主要基于 SMTP、POP3 等邮箱通信协议）。

现在所熟知的 B/S 架构，被大量应用于手机 App 和 Web 应用中，是应用系统开发的首选模型，因为它基于 HTML 和 HTTP 两个标准的规范支撑，具备多方面的优势。

B/S 架构可以直接编写 HTML 界面，用 CSS（串联样式表）进行美化和排版处理，剩下的工作交给浏览器来处理即可，因为浏览器是标准化的产品，这样可以大大提高开发效率。而正因为浏览器是标准化产品，所以 Web 系统具有很好的兼容性，无论是运行于 Windows 操作系统还是 Linux 操作系统，或者是手机端，只要是通过浏览器来渲染和处理，都可以正常渲染出页面。

B/S 架构更新方便。基于浏览器的应用如果有版本更新，则只需要更新服务器端即可，不需要通知用户去更新客户端，因为客户端本身就是浏览器。而如果是 C/S 架构，则客户端需要进行同步更新。如今我们在手机上安装的很多 App，经常通知我们更新，但是我们用浏览器去访问一个页面，从来没有被通知去更新一个网站。

但是 B/S 架构并不完美，对于大型应用，由于其受限于浏览器的沙箱环境，与操作系统完全隔离，因此没有办法在浏览器中运行一些大型应用（如大型游戏就不可能在浏览器中运行），或者是一些底层软件（如杀毒软件等）。为了提升浏览器的运行能力，业界也想了很多办法，如微软研发了 ActiveX、Adobe 公司推出了 Flash/Flex 等（两个技术在业界的口碑并不好，无论是安全性还是兼容性，都存在很多问题）。

对于能够直接调用操作系统底层类库的应用程序，我们通常称之为"原生态应用"。现在我们在手机上经常看到这一名词，其实这本身并不是手机端的发明，计算机端的单机应用、C/S 架构应用，均可以称为原生态应用，手机端只是移植了这个技术体系而已。与之对应的，在浏览器中运行的应用，称为"Web 应用"，同样，计算机端和手机端都存在这种应用体系，而且所有的软件开发技术都是在计算机端上先行应用起来的。

既然 B/S 架构和 C/S 架构都存在不足之处，而 ActiveX 和 Flash 这类试图把 B/S 架构变成既具备 B/S 架构特性又具备 C/S 架构处理能力的技术又广受差评，那么有没有其他解决方案呢？当然是有的，IT 领域聪明的程序员们又想出来一个新的办法，那就是把 Web 应用嵌入 C/S 架构原生态应用里面，把一个通常称为 WebView 的控件放到一个原生态应用里面，这样既可以通过 WebView 来访问一个网站的内容，又可以在需要的时候利用 C/S 架构的 C 端来直接调用操作系统底层类库。我们称这类应用为"混合应用"。

无论是计算机端，还是手机端，混合应用都是比较流行的一种应用开发方式，可以兼具 B/S 架构和 C/S 架构的所有功能。现在我们用到的 QQ、微信或者微信小程序等，都是标准的混合应用。

而仅有单纯的 B/S 架构和 C/S 架构根本无法支撑一些网站和企业级应用，因为它们缺乏数据库的支持。那么，怎么存储数据呢？用户要访问、使用系统，必然会产生很多数据，这些数据又需要被保存。所以，严格意义上的 B/S 架构或者 C/S 架构其实还少了一个环节——数据存储。改进后的三层架构访问方式如图 8.9 所示。

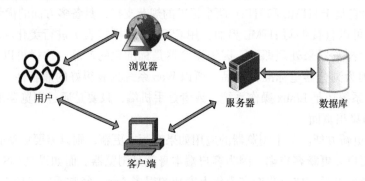

图 8.9　三层架构访问方式

先来讲一下数据库，数据库本质上就是指一个可以永久保存数据的地方，所以并不特指关系数据库，而是只单纯指能保存数据。例如早期使用一个文本文件来保存数据，或者使用 XML 文件、Excel 文件、Access 文件数据库来保存数据。只是大家发现通过文件来保存数据并不是特别方便，而且效果并不理想，所以后来使用关系数据库来保存数据。关系数据库可以更好地描述数据结构、数据之间的关系，并且可以通过标准的 SQL 查询语句进行高效的查询，性能也不错。事实上，现在的关系数据库已经很难具备高并发处理能力，还需要在架构上进行优化。

关系数据库的引入，给各类应用系统插上了翅膀，上述的三层架构基本上伴随着这 30 年来所有网络应用系统的发展，后续更多的架构衍生和优化也都是在上述三层架构的基础上进行修补而已，在本质上并没有太大的变化。三层架构的广泛应用使绝大多数的 IT 系统可以应用到实际生活和工作中，也因此企业级应用、电子商务、各类网络应用等应用系统类型得以真正产生实用价值。例如金融行业的各类系统、企业的 CRM（客户关系管理）/ ERP 系统、电子商务、在线支持、物流系统、制造业的 MES（制造执行系统）、网络游戏等核心都是数据资产的合理管理。目前，数据库仍被美国几家公司垄断，一家是 Oracle，拥有 MySQL 和 Oracle 两条数据库产品线；一家是 IBM，拥有 Infomix 和 DB2 两条数据库产品线；还有一家是微软，拥有 Access 和 SQL Server 两条数据库产品线。不过好在 MySQL 有开源版本，才能让一些中小企业可以不受这几家公司的限制。

近年来，国内的数据库在慢慢起步，如达梦数据库、阿里云和华为发布的自研数据库等，都让我们感受到中国科技行业的进步。

三层架构加上数据库，使得 2000—2010 年这段时间的信息化建设如火如荼，基础架构问题被解决，编程语言、浏览器、服务器应用（如 Apache、PHP、Tomcat、Nginx、Weblogic、Apusic 等）、数据库等问题的解决方案变得成熟起来。因此，企业信息化和网站开发就不需要再关注这些基础技术，只需要解决业务问题即可。这一时期，IT 行业的从业人员越来越多，除技术人员外，软件企业另外一个角色需求分析师也变得不可或缺。例如如果要开发一个银行系统，就需要知道银行是如何运转的、流程是什么；如果要开发一个供应链管理系统，就需要知道供应链管理的原理，而这都需要配置需求分析师，即需要懂产品业务逻辑的人。这类人大抵成长为项目经理或产品经理，他们可以不懂技术，但必须要懂业务。

在这里顺便提醒一下想去做产品经理的朋友，先好好在一个行业深耕几年，从技术做起（能够更快地找到自己的位置和价值），然后慢慢地根据企业发展的需要，做一个技术型的产品经理，既懂技术，又懂行业，这才是硬道理。

言归正传，继续来讲架构的演进。有了三层架构做基础，企业、政府、事业单位，以及金融、医疗、制造、电商等行业的信息化建设速度加快，IT 行业在我国高速发展。但是当企业（尤其是大型企业）的信息系统越来越多时，便出现了各种问题。

系统与系统之间数据是独立的，"如何共享数据"是一个复杂的问题，于是数据中转系统出现了，以此来使各个系统之间实现数据共享。

一个员工要使用企业内部的各个系统，就需要登录每一个系统，这显然很麻烦；企业不同的系统可能对应不同的编程语言，如 Java、C#、PHP 等，要把这些系统整合起来，也不太现实。

那么如何解决这些问题呢？ SSO（单点登录）技术可以解决不同系统多次登录的问题，但异构系统之间的通信问题如何解决，多业务系统如何打通？ 于是，基于 WebService 技术，业界提出了 SOA（面向服务的体系结构），它将应用程序的不同功能单元（称为服务）进行拆分，并通过这些服务之间定义的良好的接口和协议进行联系。接口是采用中立的方式进行定义的，它是独立于实现服务的硬件平台、操作系统和编程语言的。这使得构件在各种

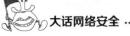

各样的系统中的服务可以以一种统一和通用的方式进行交互。SOA 如图 8.10 所示。

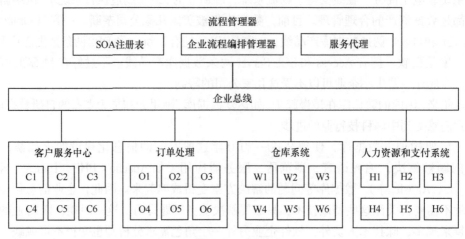

图 8.10　SOA

SOA 的核心就是把一个应用系统设置成一个服务系统，根据应用请求通过企业总线来统一调度服务系统。应用系统不用关心后台服务是怎么回事，把企业内部的各个应用子系统全部整合起来，统一对外提供接口调用即可。同时，这种架构方式使应用系统之间相互独立又相互关联，在进行业务变更时可以不用改动整个应用系统。通过下面的案例，给大家讲解一下这种结构的优势。

一个服装零售组织拥有 500 家国际连锁店，为了赶上时尚潮流，它们常常需要更改设计。这意味着它们不仅需要更改样式和颜色，甚至还可能需要更换布料、制造商和可交付的产品。如果零售商和制造商之间的系统不兼容，那么从一个供应商到另一个供应商的更换可能就是一个非常复杂的软件流程。通过利用 WebService 接口在操作方面的灵活性，每个公司都可以使现有的系统保持现状，而仅仅匹配 WebService 接口并制定新的服务级协议，这样就不必完全重构软件系统了。这是业务水平的改变，也就是说，它们改变的是合作伙伴，而所有的业务操作基本上保持不变。这里，业务接口可以进行少许改变，而内部操作不需要改变。

现在业界对 SOA 进行了优化，优化后其被称为"微服务架构"，它是目前企业尤其是大型企业系统的主要架构。

图 8.11 所示是传统三层架构，这种架构使用集群技术对服务器进行水平扩展，即多台服务器一起提供服务，来解决服务器端性能的问题。

图 8.12 所示是微服务架构，它是怎么解决问题的呢？

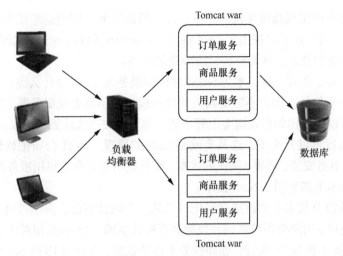

图 8.11　传统三层架构

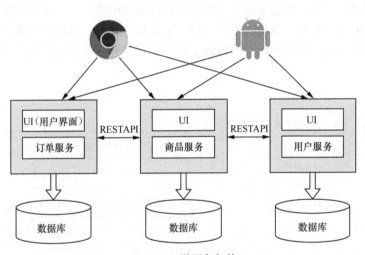

图 8.12　微服务架构

　　微服务架构已将传统单体架构中的订单服务、商品服务、用户服务拆分成独立的服务，其中的每一项服务都是一个独立的应用，可以访问自己的数据库，这些服务对外提供公共的 API，并且服务之间可以相互调用。当系统负载比较大时，如果服务器崩溃，那么在微服务架构模式下，这并不影响商品服务和用户服务，系统可以继续提供服务，网站依然可以被访问。当然，针对不同的微服务，还可以对微服务进行集群，保证每一个微服务的正常运行，即使其中一个出现崩溃也有备份的服务器继续提供服务。这样就可以在保证系统高性能的同时使系统实现高可靠性和高可用性。但微服务架构的运维成本相对比较高，所以为了解决这些问题，业界又提出了 DevOps(Development 和 Operations 的统称)、持续集成、自动化运维等理念和技术，从而解决运维效率的问题。

除以上技术外，还有一种技术为 SaaS(软件即服务)。SaaS 是什么呢？通俗地说，就是面向用户开发一个软件，用户不需要购买软件授权，也不需要在服务器上安装和部署，直接租用软件就可以了。比如你在淘宝上开个店，你直接去淘宝注册成卖家，租个电子门面，然后把商品上架就可以开卖了，这其实就是 SaaS 的原理。即 IT 公司把软件部署好，用户直接使用就行，节省安装、部署、调试的成本，而且也不需要再去租用服务器、注册域名等。美团、京东等基本上都采用了 SaaS 技术。

SaaS 本身并没有技术上的改进和变化，只是一个软件而已，只不过这个软件可以支持多个用户独立使用，用户与用户之间的数据是不能共享的。与 SaaS 相对应，在云计算时代，PaaS(平台即服务) 和 IaaS(基础设施即服务) 也被提出，如图 8.13 所示。既然可以租用软件，当然也可以租用服务器、租用数据库、租用硬盘等。比如，现在很多系统都支持短信通知，要用程序发短信，你就必须要在移动运营商那里申请授权。这太麻烦了，所以可以去租用其他人的短信平台。向短信平台支付一定数额的资金，短信平台就会为你开发一个接口，你在程序里面调用这个接口可以发短信了，而无须考虑短信平台是怎么与移动运营商合作的。

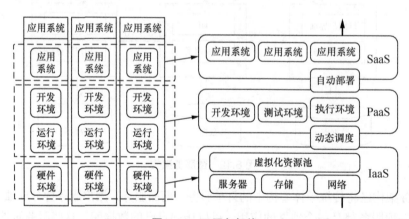

图 8.13 云服务架构

除讨论上述这些基础架构外，我们再简单地讨论一下架构的性能优化问题。

上面的单体架构中提到了集群环境，这是系统性能优化的第一步，即如果一台服务器不够用了，就多加几台服务器，大家一起通过集群对外提供服务。设想一下，假设一台服务器能支撑 1000 个用户访问，那么 10 台服务器合一起，就可以支撑 10000 个用户访问。这种方式被称作负载均衡（架构如图 8.14 所示），这种集群环境有一个优势——故障转移。10 台服务器在提供服务，不可能 10 台计算机一起出现问题，如果其中有 2 台计算机出现问题，那么另外 8 台计算机接过这 2 台的处理任务继续处理，这就叫故障转移，这种手段可以非常方便地实现一个高可用的服务器环境。即使后台服务器出现问题，也不影响用户的使用。

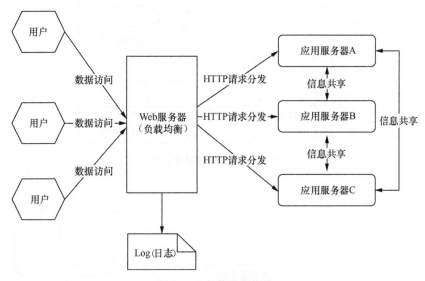

图 8.14　负载均衡架构

除通过集群环境来优化性能外，分布式缓存架构、读写分离、页面静态化、服务器集群、CDN（内容分发网络）等技术也可以优化性能。

（1）分布式缓存架构

由于硬盘的读写速度比较慢，即使是固态硬盘，与内存的读写速度相比，也有几十倍、上百倍的差距。所以需要考虑一种方法来有效利用内存，减少对硬盘的访问次数，显著提高硬盘的读写速度。使用分布式缓存服务器就是一个很好的解决方案，分布式缓存架构如图 8.15 所示。

（2）读写分离

即使使用了分布式缓存服务器，也不可能完全不读写硬盘，尤其是数据库的读写操作完全依赖于硬盘。虽然内存的读写速度快，但是数据不能永久保存，一旦断电或程序停止，内存的数据就会全部丢失，必须得用硬盘来保存数据，因此，可使用读写分离的数据库服务器。读写分离的数据库服务器如图 8.16 所示。

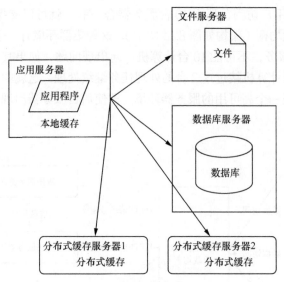

图 8.15   分布式缓存架构

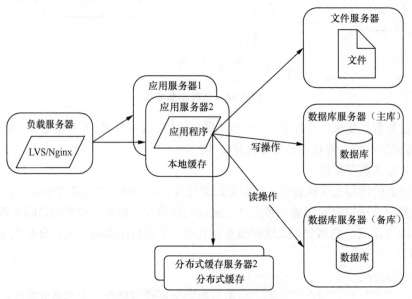

图 8.16   读写分离的数据库服务器

（3）页面静态化

很多网站的大多数页面是静态的内容，每个用户访问时看到的内容大致是一样的，在这种情况下，就没有必要每次访问都要从数据库或缓存中取一次数据了，直接把页面变成一个静态的 HTML 页面，保存在服务器硬盘或者加载到内存里就可以大大减少硬盘读写操作和数据库查询操作。同时，页面静态化处理还能显著减少 CPU 的运算次数，降低 CPU 使用率。经验表明，CPU 很容易成为一个系统的瓶颈。

（4）服务器集群

后台架构可使用服务器集群来解决高可用、高并发的问题。无论怎么优化，一台服务器的处理能力始终是有限的。数据库可以集群，缓存服务器可以集群，微服务架构可以集群，文件服务器可以集群，能用多台服务器解决的问题，就不要只用一台服务器。

（5）CDN

用户越来越多以后，服务器通过各种架构和技术手段解决了性能问题，但是网络带宽的问题始终是不好解决的，但也并不是无法解决，我们可以通过 CDN 来解决。通过购买 CDN，可以将网站内容缓存到 CDN 服务商，比如我现在在成都访问北京的一个网站，而这个北京的网站购买了 CDN，把它的内容缓存到了成都或者四川的一个 CDN 服务商，此时我访问的是 CDN 的内容，北京的网站也许都不知道我在访问这个网站。

当然，除这些宏观层面的优化手段外，还有一种方式就是调整服务器端的参数，如调整数据库的内核参数，调整 Java、PHP、Apache、Nginx、Tomcat、Weblogic 等这类服务器的内核参数，或者优化代码的算法、SQL 语句的查询效率等，这些手段都可以从微观上减少系统的负载。

8.1.3　计算机安全简史

1. 从信息处理到数据保护的演进

计算机安全是随着计算机技术的不断发展而演进的。在计算机诞生的初期，安全问题并没有引起足够的重视。然而，随着计算机从单纯的计算工具逐渐演变为信息处理的机器，人们开始意识到计算机信息的安全性和完整性需要得到保护。

在 20 世纪 70 年代，美国率先遇到了计算机安全问题，并试图解决它。在这个时期，出现了两个重要的安全模型：BLP 模型和 BIBA 模型。BLP 模型主要关注私密性，它通过数据分级和禁止上下读写的方式来保证数据的保密性。而 BIBA 模型则更注重完整性，它通过禁止上下写和只允许上级读下级数据的方式来保证数据的完整性。

然而，这些模型在应用中存在一定的局限性，无法完全覆盖计算机系统信息处理的各个方面。为了更好地利用计算机，计算机操作系统逐渐进入了分时多用户时代。这个时期，不同的角色可以登录同一台主机，出现了基于角色的访问控制（RBAC）方式，它能够根据不同的角色赋予用户不同的访问权限。

随着个人计算机的普及，计算机设备逐渐专属个人，系统中的用户也发生了变化。在这种情况下，基于角色的访问控制变得力不从心。于是，出现了另一个访问控制模型——TE（类型增强）。在这个模型中，控制对象不再是角色或人，而是进程。进程属于不同的类型，不同类型的进程有不同的访问权限。

在计算机系统安全的另一领域，人们也在探索如何让计算机只做预先定义好的工作，避免有意或无意地去做人们不需要做的事情。因此可信理论被提出，它试图将人类社会的信任模型构建到计算机世界中。然而，可信理论并不能保证应用完全没有漏洞，不会被恶意利用。

总的来说，尽管计算机技术在过去的几十年里得到了巨大的发展，但计算机安全并没有跟上时代的脚步。现有的安全模型虽然在某些方面取得了成功，但都无法完全覆盖计算机应用的各个方面。在面对不断变化的威胁和挑战时，我们需要持续探索和创新，以保护我们的数据和信息安全。

2. 计算机病毒

编程离不开数学原理的支持，没有良好的数学思维就很难编写出高质量的程序。每一个优秀软件产品的背后都需要很深的数学算法，"成功"的恶性程序也不例外。一般而言，这些恶性程序分为病毒、特洛伊木马、蠕虫。下面简单介绍一下这些恶性程序。

（1）病毒

① 能自我复制或运行的计算机程序。

② 将自身附加至主程序在计算机之间进行传播。

③ 盗窃数据等行为。

（2）特洛伊木马

寄宿在计算机里的一种非授权的远程控制程序，是一种表面看上去有正面作用，但实际有破坏作用的计算机程序。

（3）蠕虫

① 可自动完成复制过程，并独自传播。

② 消耗内存或网络带宽。

除本书 2.4.3 节介绍的计算机病毒外，计算机发展史上"著名"的病毒还有以下几个。

（1）1982 年，Elk Cloner 病毒（第一个计算机病毒）

Elk Cloner 病毒由里奇·斯克伦塔在一台苹果计算机上编写，通过软盘传播，计算机被该病毒感染的表现为在屏幕显示图 8.17 所示的两句话。

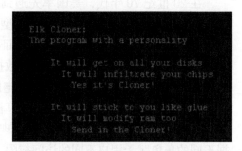

图 8.17 被 Elk Cloner 病毒感染的表现

（2）1986 年，C-Brain 开机扇区病毒（第一个个人计算机病毒）

C-Brain 开机扇区病毒由两名年仅 19 岁的巴基斯坦程序员编写。该病毒感染 MS-DOS（微软磁盘操作系统）中的 FAT（文件分配表）格式磁盘引导扇区。

（3）1988 年，莫里斯蠕虫（第一只荒野诞生，即非实验室制造的蠕虫）

莫里斯蠕虫是第一个利用缓存溢出漏洞的恶意程序，可感染 DEC 公司的 VAX（Virtual Address eXtension）机上的通过 SUN 和 BSD 系统运行的网络计算机。

（4）1998 年，CIH 病毒（最有害的广泛传播的病毒之一）

CIH 病毒会篡改主板 BIOS（基本输入输出系统）信息，破坏系统的全部信息。

（5）2000 年，ILOVEYOU（爱虫）病毒（一个独立 VB 脚本程序）

爱虫病毒的破坏性比梅丽莎大得多。携带该病毒的邮件标题通常会说明，这是一封来自您的暗恋者的表白信，而恶性程序就隐藏在邮件附件内，如图 8.18 所示。

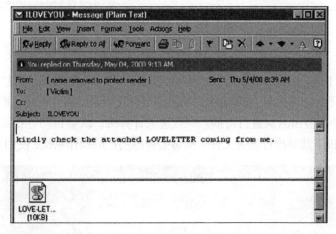

图 8.18　爱虫病毒邮件

据估计，2000 年，爱虫病毒造成大约 100 亿美元的损失。

（6）2001 年，Klez（求职信）病毒（病毒传播的里程碑）

求职信病毒发作后产生了很多变种，在互联网上不断传播。最早求职信病毒通过邮件传播，然后自我复制，同时也向通信录里的联系人发送感染病毒的邮件，求职信病毒邮件如图 8.19 所示。

后期变种的求职信病毒破坏性更大，有些甚至会强行关闭用户的杀毒软件或者伪装成病毒清除工具。

（7）2001 年，灰鸽子病毒（著名的国产木马病毒）

灰鸽子病毒在被合法使用时是一款优秀的远程控制软件，有时也被视为一种木马程序。

如被黑客恶意使用，用户的一举一动都在监控之下，窃取账号、密码、照片、重要文件易如反掌。

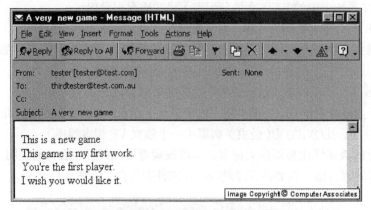

图 8.19 求职信病毒邮件

（8）2004 年，Sasser 病毒（造成损失最大的蠕虫病毒）

当年德国的 18 岁少年 Sven Jaschan 制造了 Sasser 和 NetSky。Sasser 通过微软的系统漏洞攻击计算机，如图 8.20 所示。与其他蠕虫不同的是，它不通过邮件传播，而是利用微软操作系统的 Lsass 缓冲区溢出漏洞进行传播。一旦进入计算机，就会自动寻找系统漏洞，然后直接引导这些计算机下载并执行病毒文件。病毒会修改用户的操作系统，使用户无法正常关机。

图 8.20 被 Sasser 病毒感染后界面

（9）2006 年，"熊猫烧香"病毒

"熊猫烧香"病毒是我国警方破获的首例计算机病毒大案。2006 年 10 月 16 日由 25 岁的湖北人李俊编写，2007 年 1 月初肆虐网络，在极短时间之内就感染了几千台计算机，严重时导致网络瘫痪。反病毒工程师们将它命名为"尼姆亚"。该病毒的某些变种可以通过局域网进行传播，进而感染局域网内所有计算机系统，最终导致企业局域网瘫痪，无法正常使用。文件被病毒感染后的界面如图 8.21 所示。

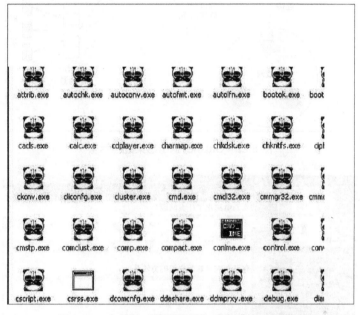

图 8.21　文件被"熊猫烧香"病毒感染后的界面

它不但能感染系统中 .exe、.com、.src、.html、.asp 等文件，还能终止大量的反病毒软件进程，并且删除扩展名为 .gho 的备份文件。

（10）2010 年，Stuxnet（震网）病毒（首个针对工业控制系统的蠕虫病毒）

该蠕虫病毒感染并破坏了伊朗纳坦兹的核设施，并最终使伊朗的布什尔核电站推迟启动，Stuxnet 病毒感染过程示意如图 8.22 所示。

（11）2017 年，WannaCry 病毒

WannaCry 病毒是继"熊猫烧香"病毒之后影响力最大的病毒之一，是一种针对Windows 操作系统的计算机勒索病毒。受害机器的磁盘文件会被篡改为统一的以".WNCRY"为后缀的文件。

图片、文档、视频、压缩包等各类资料都无法正常被打开，只有支付约 300 美元的比

特币才能解密恢复受感染的文件，被 WannaCry 病毒感染后界面如图 8.23 所示。

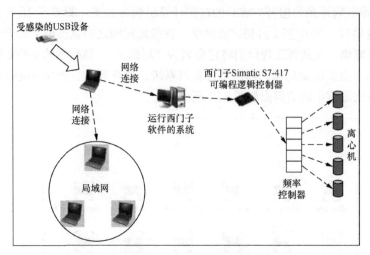

图 8.22　Stuxnet 病毒感染过程示意

图 8.23　被 WannaCry 病毒感染后界面

2017 年，全球至少有 99 个国家的计算机在同一时间遭到 WannaCry 2.0 的攻击。与中国教育网相连的中国高校内网也出现大规模的感染，感染甚至波及公安机关使用的内网。

3. 计算机漏洞

计算机漏洞是指应用软件或操作系统软件在逻辑设计上的缺陷或在编写程序时产生的

错误，这个缺陷或错误可以被不法者或者计算机黑客利用，通过植入病毒等方式攻击或控制整个计算机，从而窃取计算机中的重要资料和信息，甚至破坏整个系统。计算机漏洞既包括单个计算机系统的脆弱性，又包括计算机网络系统的漏洞。

漏洞具有以下特点。

（1）在编程过程中出现逻辑错误是很普遍的现象，这些错误绝大多数是疏忽造成的。

（2）在数据处理过程中，对变量赋值比数值计算更容易出现逻辑错误，过小和过大的程序模块比中等程序模块更容易出现错误。漏洞与具体的系统环境密切相关。

（3）在不同种类的软件、硬件设备中，同种设备的不同版本之间、由不同设备构成的不同系统之间，以及同种系统在不同的设置条件下，都会存在不同的安全漏洞问题。

（4）漏洞问题与时间紧密相关。随着时间的推移，旧的漏洞会不断得到修补或纠正，新的漏洞会不断出现，因而漏洞问题会长期存在。受损状态是指已完成这种转变的状态，攻击是非受损状态到受损状态的状态转变过程。漏洞就是指区别于所有非受损状态的、容易受攻击的状态特征。

漏洞的上述特点决定了漏洞完整描述的独特性。在对漏洞进行研究时，除了需要掌握漏洞本身的特征属性，还要了解与漏洞密切相关的其他对象的特点。漏洞本身的特征属性有漏洞类型、造成的后果、严重程度、利用需求等。与漏洞密切相关的其他对象包括存在漏洞的软硬件、操作系统、相应的补丁程序和修补漏洞的方法等。

下面列举几个著名的安全漏洞事件。

（1）阿丽亚娜 5 型火箭升空爆炸事件

阿丽亚娜 5 型火箭是欧洲空间局研发的民用卫星一次性运载火箭，它的名称来源于神话人物阿丽亚杜妮（Ariadne）的法语拼写。1996 年 6 月 4 日，在风和日丽的法属圭亚那库鲁发射场，阿丽亚娜 5 型运载火箭首航，计划运送 4 颗太阳风观察卫星到预定轨道。但在点火升空之后的 40s 后，在 4000m 高空，这个价值 5 亿欧元的运载系统发生了爆炸，瞬间灰飞烟灭，化为乌有。

爆炸原因是火箭某段控制程序直接移植自阿丽亚娜 4 型火箭，其中一个需要接收 64 位数据的变量为了节省存储空间，使用 16 位有符号整数，从而在控制过程中产生了整数溢出，导致导航系统对火箭控制失效，程序进入异常处理模块，火箭引爆自毁。

（2）千年虫问题

千年虫问题又叫作"计算机 2000 年问题""计算机千禧年千年虫问题""千年危机"或"Y2K bug"。在 20 世纪 90 年代末，千年虫问题是许多专家广泛讨论的话题，它可能引发飞机碰撞、轮船偏离航向、证券交易所崩盘等问题。

问题原因出在某些使用计算机程序的智能系统（包括计算机系统、自动控制芯片等）中，由于其中的年份只用两位十进制数来表示，因此当系统进行（或涉及）跨世纪的日期处理运算时（如多个日期之间的计算或比较等）就会出现错误的结果，进而引发各种各样的系统功能紊乱问题，甚至使系统发生崩溃。如 1970 年用"70"表示，1999 年用"99"表示，所以当到了 2000 年 1 月 1 日时，很多采用这种计时方法的系统都错误地把日期识别为 1900 年 1 月 1 日。从根本上说，千年虫是一种程序处理日期上的漏洞，而非病毒。

（3）《江南 Style》点击量超出 YouTube 播放上限

2014 年，韩国艺人朴载相的《江南 Style》视频在 YouTube 网站的播放次数超过了计数上限，导致谷歌不得不对 YouTube 网站进行技术调整。YouTube 网站之前的视频播放计数上限为 32 位整数，即最多可播放 2 147 483 647 次，当《江南 Style》出现后，其点击量远远超过该数，谷歌及时将视频播放计数上限调整为 64 位整数，即播放次数为 9 223 372 036 854 775 808 次。对此，谷歌发表声明称："我们从未想过一段视频的观看量会超过 32 位的整数（=2 147 483 647 次），直到我们遇到了'鸟叔'"。

（4）32 位 Unix 系统时间编码机制的 2038 年问题

工程师在 20 世纪 70 年代开发出世界上的第一款 Unix 操作系统时，他们做出了一个很随意的决定，即使用 32 位签名整数（或数字）来代表时间，整个计时系统的起始时间是 1970 年 1 月 1 日。但这个时间编码机制存在一个严重的问题，因为 32 位软件能够检测到的最大秒值为 2 147 483 647，对应时间为 2038 年 1 月 19 日。如果无法解决这个问题，地球上的所有计算机将在那个时刻点将时间计数"归零"，重新从 1970 年 1 月 1 日算起。与千年虫问题类似。也就是说所有使用 Unix 时间编码的系统将在 2038 年产生溢出错误，计时器可能会停止工作，与时间有关的所有系统都会混乱。庆幸的是，要解决这个问题，从技术上来说并不困难。我们只要将时钟系统换成更高位数的值，比如 64 位就行了，那样就会得到一个更大的值。64 位系统只是将这个问题发生的时间向后推了而已，虽然看似治标不治本，但是其时钟系统的最大计数值对应是 2920 亿年之后的时间。因此这也相当于很好地解决了这个难题。

（5）软件竞争条件错误引发的美国大面积停电事故

2003 年 8 月 14 日，酷暑中的美国东北部和加拿大部分地区发生大面积停电事故，给当地交通、通信和居民生活造成了严重影响。直到 2003 年 8 月 16 日上午，纽约市才全部恢复正常供电。计算机专家分析认为，停电的直接原因是电控系统的竞争条件错误，其中两个独立线程在调用一段相同代码时导致输电系统突然发生故障。由于没有适当的同步和容错机制，线程陷入崩溃，致使输电系统出现连锁反应。

（6）软件错误导致的火星气候探测者号解体失联

火星气候探测者号是美国国家航空航天局的火星探测卫星，也是火星探测 98 计划的一部分，于 1999 年发射进入预定轨道。不幸的是，在运行 286 天之后，这个飞行器失联。失联原因是，探测器的地面控制团队使用英制单位来发送导航指令，而探测器的软件系统使用公制单位来读取指令。这一错误大大改变了导航控制的路径。最后探测器进入过低的火星轨道，在过大的火星大气压力和摩擦下解体。

 ## 8.2 安全计算环境技术标准

如果说数据中心相当于一个国家的国都，那么计算环境如同一个国家的政府首脑机构，这些首脑机构均需要内卫部队及严格的保卫制度来确保安全，从前面的案例来看，在网络空间，计算环境并不太平。安全计算环境技术标准就相当于国家机关的保卫制度，能够确保网络空间的核心安全，其相关要求如表 8.1 所示。

表 8.1　安全计算环境技术标准

项目	第一级安全要求	第二级安全要求	第三级安全要求	第四级安全要求
身份鉴别	应对登录的用户进行身份标识和鉴别，身份标识具有唯一性，身份鉴别信息有复杂度要求，并定期进行更换；应具有登录失败处理功能，应配置并启用结束会话、限制非法登录次数，以及当登录连接超时自动退出等相关措施	在第一级安全要求的基础上增加：当进行远程管理时，应采取必要措施，防止鉴别信息在网络传输过程中被窃听	在第二级安全要求的基础上增加：应采用动态口令、密码技术、生物技术等两种或两种以上组合的鉴别技术对用户进行身份鉴别，且其中一种鉴别技术至少应使用密码技术来实现	同第三级安全要求
访问控制	应为登录的用户分配账户和权限；应重命名或删除默认账户，修改默认账户的默认口令；应及时删除或停用多余的、过期的账户，避免共享账户的存在	在第一级安全要求的基础上增加：应授予管理用户所需的最小权限，实现管理用户的权限分离	在第二级安全要求的基础上增加：应由授权主体配置访问控制策略，访问控制策略规定主体对客体的访问规则；访问控制的粒度应达到主体为用户级或进程级，客体为文件、数据库表级；应对重要主体和客体设置安全标记，并控制主体对有安全标记信息资源的访问	在第三级安全要求的基础上调整：应对所有主体、客体设置安全标记，并依据安全标记和强制访问控制规则确定主体对客体的访问

续表

项目	第一级安全要求	第二级安全要求	第三级安全要求	第四级安全要求
安全审计	—	应启用安全审计功能，审计覆盖到每个用户，对重要的用户行为和重要安全事件进行审计；审计记录应包括事件的日期和时间、用户、事件类型、事件是否成功及其他与审计相关的信息；应对审计记录进行保护，定期备份，避免出现未预期的删除、修改或覆盖等情况	在第二级安全要求的基础上增加：应对审计进程进行保护，防止未经授权的中断	在第三级安全要求的基础上调整：审计记录应包括事件的日期和时间、事件类型、主体标识、客体标识和结果等
入侵防范	应遵循最少安装的原则，仅安装需要的组件和应用程序；应关闭不需要的系统服务、默认共享和高危端口	在第一级安全要求的基础上增加：应通过设定终端接入方式或网络地址范围对通过网络进行管理的管理终端进行限制；应提供数据有效性检验功能，保证通过人机接口输入或通过通信接口输入的内容符合系统设定要求；应能发现可能存在的已知漏洞，并在充分测试、评估后及时修补漏洞	在第二级安全要求的基础上增加：应能够检测到对重要节点进行入侵的行为，并在发生严重入侵事件时进行报警	同第三级安全要求
恶意代码防范	应安装防恶意代码软件或配置具有相应功能的软件，并定期进行升级和更新防恶意代码库	同第一级安全要求	应采用免受恶意代码攻击的技术措施或主动免疫可信验证机制及时识别入侵和病毒行为，并将其有效阻断	应采用主动免疫可信验证机制及时识别入侵和病毒行为，并将其有效阻断

续表

项目	第一级安全要求	第二级安全要求	第三级安全要求	第四级安全要求
可信验证	可基于可信根对计算设备的系统引导程序等进行可信验证，并在检测到其可信性遭到破坏后进行报警	可基于可信根对计算设备的系统引导程序、重要配置参数和应用程序等进行可信验证，并在检测到其可信性遭到破坏后进行报警，将验证结果形成审计记录送至安全管理中心	可基于可信根对计算设备的系统引导程序、重要配置参数和应用程序等进行可信验证，并在应用程序的关键执行环节进行动态可信验证，在检测到其可信性遭到破坏后进行报警，并将验证结果形成审计记录送至安全管理中心	可基于可信根对计算设备的系统引导程序、重要配置参数和应用程序等进行可信验证，并在应用程序的所有执行环节进行动态可信验证，在检测到其可信性遭到破坏后进行报警，并将验证结果形成审计记录送至安全管理中心，进行动态关联感知
数据完整性	应采用校验码技术保证重要数据在传输过程中的完整性	同第一级安全要求	在第一级安全要求的基础上调整：应采用校验码技术或密码技术保证重要数据在传输过程中的完整性，包括但不限于鉴别数据、重要业务数据、重要审计数据、重要配置数据、重要视频数据和重要个人信息等；应采用校验码技术或密码技术保证重要数据在存储过程中的完整性，包括但不限于鉴别数据、重要业务数据、重要审计数据、重要配置数据、重要视频数据和重要个人信息等	在第三级安全要求的基础上增加：在可能涉及法律责任认定的应用中，应采用密码技术提供数据原发证据和数据接收证据，实现数据原发行为的抗抵赖和数据接收行为的抗抵赖
数据保密性	—	—	应采用密码技术保证重要数据在传输过程中的保密性，包括但不限于鉴别数据、重要业务数据和重要个人信息等；	同第三级安全要求

续表

项目	第一级安全要求	第二级安全要求	第三级安全要求	第四级安全要求
			应采用密码技术保证重要数据在存储过程中的保密性，包括但不限于鉴别数据、重要业务数据和重要个人信息等	
数据备份恢复	应提供重要数据的本地数据备份与恢复功能	在第一级安全要求的基础上增加：应提供异地数据备份功能，利用通信网络将重要数据定时、批量传送至备用场地	在第二级安全要求的基础上调整：应提供异地实时备份功能，利用通信网络将重要数据实时备份至备份场地；应提供重要数据处理系统的热冗余，保证系统的高可用性	在第三级安全要求的基础上增加：应建立异地灾难备份中心，以提供业务应用的实时切换
剩余信息保护	—	应保证鉴别信息所在的存储空间被释放或在重新分配前得到完全清除	在第二级安全要求的基础上调整：应保证存有敏感数据的存储空间被释放或在重新分配前得到完全清除	同第三级安全要求
个人信息保护	—	应仅采集和保存业务必需的用户个人信息；应禁止未授权访问和非法使用用户个人信息	同第二级安全要求	同第三级安全要求

8.3 安全计算环境的技术和产品

8.3.1 统一身份认证

在软件基础设施中，最基础的部分就是统一账号和统一身份认证，这一体系相当于一张访问软件系统的"员工卡"。它能基于对每个员工的唯一账号、密码，以及其他信息的管理，简化和串联不同软件系统的身份管理、统一登录和权限控制，使员工方便地通过同一套用户名、密码登录公司的大部分系统,完成工作,也使行政和 IT 管理人员可以一站式地管理任何员工的账号和权限。

身份认证就是判断一个用户是否为合法用户的处理过程。最简单的身份认证方式是系统通过核对用户输入的用户名和口令,看其是否与系统中存储的该用户的用户名和口令一致,来判断用户身份是否真实。复杂一些的身份认证方式采用一些较复杂的加密算法与协议,需要用户出示更多的信息(如私钥)来证明自己的身份,如 Kerberos 身份认证系统。

身份认证一般与授权控制是相互联系的,授权控制是指一旦用户的身份通过认证,就确定该用户可以访问哪些资源、可以进行何种方式的访问操作等问题。在一个数字化的工作体系中,应该有一个统一的身份认证服务系统供各应用系统使用,但授权控制可以由各应用系统自己管理。

1. 流程

统一身份认证服务系统的一个基本应用模式是统一认证模式,它是以统一身份认证服务为核心的服务使用模式。用户登录统一身份认证服务系统后,即可使用所有支持统一身份认证服务的应用系统。

(1)用户使用在统一身份认证服务系统注册的用户名和密码(也可能是其他的授权信息,如数字签名等)登录统一身份认证服务系统。

(2)统一身份认证服务系统创建了一个会话,同时将与该会话关联的访问认证令牌返回给用户。

(3)用户使用这个访问认证令牌访问某个支持统一身份认证服务的应用系统。

(4)该应用系统将访问认证令牌传入统一身份认证服务系统,以便认证访问认证令牌的有效性。

(5)统一身份认证服务系统确认访问认证令牌的有效性。

(6)应用系统接收访问,并返回访问结果,如果需要提高访问效率,应用系统可选择返回其自身的访问认证令牌,以使得用户之后可以使用这个私有令牌持续访问。

2. 组成

统一身份认证系统主要分为数据层、认证通道层和认证接口层,同时分为多个功能模块,其中最主要的有身份认证模块和权限管理模块。

(1)身份认证模块管理用户身份和成员站点身份。该模块向用户提供在线注册功能,用户在注册时必须提供相应的信息(如用户名、密码),该信息即为用户身份的凭证,拥有该信息的用户即为统一身份认证系统的合法用户。身份认证模块还向成员站点提供在线注册功能,成员站点在注册时需提供一些关于成员站点的基本信息,包括为用户定义的角色种类(如普通用户、高级用户、管理员用户)。

(2)权限管理模块主要包括成员站点对用户的权限控制、用户对成员站点的权限控制、成员站点对成员站点的权限控制。用户向某成员站点申请分配权限时，需向该成员站点提供他的某些信息，这些信息就是用户提供给成员站点的权限，而成员站点通过统一身份认证系统进行身份认证后就可以查询用户信息，并给该用户分配权限，获得权限的用户通过统一身份认证系统的身份认证后就可以以某种身份访问该成员站点。成员站点对成员用户信息 / 角色、权限信息站点的权限控制，主要通过成员站点向其他成员站点提供的调用接口。统一身份认证系统与用户的接口必须同时支持 B/S 和 C/S 的模式，同时必须支持 Notes 应用认证接口，不同的认证接口有不同的优势，其应用场合也不同，如 B/S 接口不需要专门安装相应的客户端软件、C/S 接口的安全性稍高等。

3. 功能概述

统一身份认证系统可实现网上应用系统的用户、角色和组织机构统一化管理，可实现各种应用系统间跨域的单点登录、单点退出和统一的身份认证功能，用户登录到一个系统后，再转入其他应用系统时不需要再次登录，简化了用户的操作，也保证了同一用户在不同的应用系统中身份的一致性。

统一身份认证系统通过基于网络的模块化组件对外发布认证服务，实现了平台无关性，能与各种主机、各种应用系统对接。另外，统一身份认证系统还可提供一套标准的接口，保证其与各种应用系统之间对接的易操作性。

统一身份认证系统的主要功能如下。

（1）用户管理：能实现用户与组织的创建、删除、维护与同步等功能。

（2）用户认证：通过 SOA，支持第三方认证系统。

（3）单点登录：共享多个应用系统之间的用户认证信息，实现多个应用系统间的自由切换。

（4）分级管理：实现管理功能的分散，支持对用户、组织等管理功能的分级委托。

（5）权限管理：系统提供了统一的、可以扩展的权限管理及接口，支持第三方应用系统通过接口获取用户权限。

（6）会话管理：查看、浏览与检索用户登录情况，管理员可以在线强制用户退出当前应用的登录。

（7）支持 Windows、Linux、Solaris 等操作系统；支持 Tomcat、WebLogic、WebSphere 等应用服务器；支持 SQL Server 等数据库系统。

4. 结构

统一身份认证系统通过统一管理不同应用体系身份存储方式、统一认证的方式，使同一用户在所有应用系统中的身份一致，应用程序不必关心身份的认证过程。

从结构上来看，统一身份认证系统由统一身份认证管理模块、统一身份认证服务器、身份信息存储服务器三大部分组成。

（1）统一身份认证管理模块由管理工具和管理服务组成，实现用户组管理、用户管理。管理工具实现界面操作，并把操作数据递交给管理服务器，管理服务器再修改存储服务器中的内容。

（2）统一身份认证服务器向应用程序提供统一的基于网络的模块化组件认证。它接收应用程序传递过来的用户名和密码，验证通过后把用户的访问认证令牌返回给应用程序。

（3）身份信息存储服务器存储身份、权限数据。其中身份信息存储服务器可以选择关系型数据库、LDAP（轻量目录访问协议）、AD（目录服务）等。另外可以将证书认证机构发放的数字证书存储在身份信息存储服务器。

8.3.2　终端安全管理系统

随着计算机在人类生活各个方面发挥的作用越来越重要，网络入侵、病毒爆发、木马对信息窃取等计算机安全事件也日益严重，业界对信息安全问题的认识也不断深入，应对计算机安全事件的方式、方法也不断更新、完善。

随着信息安全管理体系的不断更新、完善，安全问题最终可归结为一个风险管理问题。信息安全管理体系构建的目的实际上就是解决安全风险的管理问题。

因此，终端安全管理的实质就是识别终端安全风险，构建终端风险体系并对终端风险进行终端安全管理，从而降低和避免终端安全风险事件的发生。

终端安全管理系统以"主动防御"理念为基础，采用基于标识的认证技术，以智能控制和安全执行双重体系结构为基础，将全面安全策略与操作系统有机结合，通过对代码、端口、网络连接、移动存储设备接入、数据文件加密、行为审计分级控制，实现操作系统加固及信息系统的可控、可管理，保障终端系统及数据的安全。

1．特点

终端安全管理系统的特点如下。

（1）集桌面安全套件、网络安全套件、数据安全套件、移动安全套件为一体，具有强大的功能领航内网安全。

（2）三权分立，管理职权细分，有效防止权限集中，保障系统安全。

（3）双因子认证，支持 USB-Key 作为身份确认的唯一凭证。

（4）安全可靠的可信代码鉴别技术，精确识别可信的软件和程序。

（5）高强度加密算法，保障数据安全。

（6）系统内核级保护，保障系统自身不受破坏。

2．功能

终端安全管理系统的功能如下。

（1）高效的终端管理

① 自动发现和收集终端计算机资产，使企业清楚地知道 IT 资产的状况并统一管理 IT 资产。

② 强大的 IT 资产管理功能，帮助企业详细统计所有终端软硬件的信息，及时掌握全网 IT 软硬件资源的每一个细节。

③ IT 人员迅速、方便地处理终端的故障，提高对可疑事件的定位精度和响应速度。

④ 一站式管理，提高终端管理的效率，降低维护成本。

（2）可信软件统一分发

① 缩短软件项目的实施部署周期，降低项目成本及维护软件的复杂性。

② 支持各种办公、设计、绘图、聊天、下载等软件的部署。

③ 软件可即时或按自定义的计划时间向指定客户端计算机分发任务。

④ 完整、清晰的任务执行情况反馈，帮助企业及时了解软件分发详情。

（3）主动防御

① 根据应用程序控制策略进行强制访问控制，避免病毒／木马感染和黑客攻击。

② 可信代码鉴别，只有通过鉴别的程序文件才能运行，最大限度地保障系统安全。

③ 程序控制强度可以分多级，可以满足不同公司的需求。

④ 轻松放行及阻止系统已安装软件。

⑤ 灵活的程序放行操作，可自定义放行程序。

（4）终端接入控制

① 对内网的网络资源和外网的网站访问进行管理和限制，保护内网重要信息资源。

② 未经拨号认证的终端机器无法连接到网络，避免未授权设备带来的各种威胁。

③ 支持带宽控制，有效控制网络带宽的使用。

④ 支持时间控制，可规定网络带宽的使用时间。

（5）远程维护与管理

① 可远程管理各个终端计算机，简单、方便、快捷、高效。

② 远程监视目标计算机桌面，实时监控目标计算机的操作。

③ 请求远程协助，足不出户就可以远程解决客户端计算机存在的问题。

④ 远程文件传送，方便各种文件的流转。

（6）终端行为审计

① 监督审查终端系统中所有影响工作效率及信息安全的行为，达到非法行为"赖不掉"的效果。

② 支持用户登录、设备访问、网络访问、数据文件访问、打印、运行程序等行为的审计。

③ 丰富的日志管理报表，可按用户、时间、事件类型查询出所需的日志记录。

（7）终端设备控制

① 控制终端计算机各种设备的使用，防止有意或者无意地通过物理设备接口将敏感数据泄露，使数据"出不去"。

② 支持软盘驱动器（软驱）、光盘驱动器（光驱）、打印机、调制解调器、串口、并口、IEEE 1394 接口、红外通信口、蓝牙等。

③ 对 USB 端口的设备进行分类管控。

8.3.3　漏洞扫描工具

漏洞扫描工具是 IT 部门必不可少的工具，因为漏洞每天都会出现，给企业带来安全隐患。漏洞扫描工具有助于检测应用程序、操作系统、硬件和网络系统中的安全漏洞。黑客在不停地寻找漏洞，并且利用它们谋取利益。因此，网络中的漏洞也需要及时识别和修复，以防止攻击者利用。

漏洞扫描程序可连续和自动扫描，它可以扫描网络中是否存在潜在的漏洞，以帮助 IT 部门识别互联网或任何设备上的漏洞，并手动或自动修复它。

漏洞扫描是指基于漏洞数据库，通过扫描等手段对指定的远程或者本地计算机系统的安全脆弱性进行检测，发现可利用漏洞的一种安全检测（渗透攻击）行为。根据扫描的执行方式不同，目前漏洞扫描对象主要分为 3 类，分别为 Web 应用、主机系统、App。

（1）针对 Web 应用：漏洞扫描工具主要扫描网站的一些漏洞，分为两类，一类是常规通用型漏洞（通用型漏洞主要包括 SQL 注入、跨站攻击、XSS 注入等）扫描工具；另一类是根据 OWASP Top 10 进行扫描的工具。

（2）针对主机系统：漏洞扫描工具主要针对 CVE（公共漏洞和暴露）、中间件、数据库、端口等的安全问题进行扫描。

（3）针对 App：漏洞扫描工具主要针对 App 可能存在的反编译、逆向、反盗等安全问题进行扫描，主要从应用安全、源码安全、数据安全、恶意行为、应用漏洞、敏感行为、应用 URL（统一资源定位符）等方面对 App 进行全方位、自动化的扫描。

目前漏洞扫描类产品主要分为两种，一种是在系统上安装一个代理，定期地扫一扫；另一种是在漏洞扫描平台提供商处注册一个账号，提交相应的信息，5 ~ 20min 之后会出扫描报告。

说起漏洞扫描，不得不说一下渗透测试。渗透测试是指为了证明安装的网络防御系统预期正常运行而提供的一种机制。高级渗透测试服务（黑盒测试）是指在用户授权许可的情况下，资深安全专家通过模拟黑客攻击的方式，对企业的网站或在线平台进行全方位渗透入侵测试，来评估业务平台和服务器系统的安全性。这里说的渗透测试主要是针对 Web

端的渗透测试。而渗透测试和漏洞扫描有什么不同呢？

两者的区别如表 8.2 所示。

表 8.2　渗透测试与漏洞扫描的区别

对比项	方式	检测范围	漏洞利用	人员选择	费用	时间
渗透测试	人工 + 自动化	不固定	可以进行漏洞攻击	水平高、经验丰富的专家	高	3 ～ 10 天
漏洞扫描	自动化	固定	不涉及漏洞攻击	了解计算机的人员	低	5 ～ 30min

8.3.4　Web 应用防火墙

Web 应用防火墙是保护网站和所存储数据安全的重要工具。下面将详细介绍 Web 应用防火墙。

我们从家或者办公室出去时，通常会把门锁上。和我们离开家或办公室时锁门一样，在不使用互联网时，通常也需要采取相应措施保障网络安全，所以互联网上的"家"，也需要一把"锁"。这把锁很重要，能够防止心怀恶意的人进来偷走我们的数据。

要保障网络安全，方法有以下几种。可以手工操作，基于自己的知识加固网站；在专家的帮助下进行防护，这包括经常性的更新、手动监控、备份和修复；也可以寻求 Web 应用防火墙的帮助，为网站构建安全防护层。

Web 应用防火墙是什么？

Web 应用防火墙（WAF）用来监控、过滤和拦截可能对网站有害的流量。因此可以将 Web 应用防火墙理解为用于拦截和捕获恶意流量，阻止它们到达 Web 服务器的一种安全工具。

Web 应用防火墙和普通防火墙一样，由众多组件协调工作来拦截恶意流量，阻止非正常的结果出现。

Web 应用防火墙与传统防火墙的区别是，除了拦截具体的 IP 地址或端口，它还更深入地检测 Web 流量、探测攻击信号或可能的注入。另外，Web 应用防火墙是可定制的——针对不同的应用具有不同的具体规则。

Web 应用防火墙通过一系列规则来约束 HTTP 连接。通常，这些规则覆盖各种 Web 攻击，如 XSS 和 SQL 注入攻击。其相关规则如下。

1. 白名单

白名单包含一系列"好"的东西——应该直接通过防火墙而无须进行流量检测。例如，我们在网页中设计了一个表格，用于接收 HTML 代码。所以，我们希望把这个表格加入 Web 应用防火墙白名单以避免 XSS/HTML 注入检查。

2. 黑名单

黑名单完全是白名单的对立面，包含一系列"不好"的东西，其流量不能通过防火墙。

3. 混合名单

混合名单就是"白名单 + 黑名单"。混合名单的使用是现代防火墙最为常用的策略。

4. 基于签名的检测

基于签名的检测更多的是用于入侵检测而不是防火墙。然而，许多现代防火墙加入该功能用来识别流量模式，并阻断恶意的请求。

8.3.5　数据库审计系统

在数据库诞生之前，数据存储和数据管理已经存在了相当长的时间。当时数据管理主要是通过表格、卡片等进行，效率低，需要大量人员参与，极易出错。

20 世纪 50 年代，随着计算机的诞生和成熟，数据管理开始使用计算机，与此同时，数据管理技术也迅速发展。传统的文件系统难以应对数据增长的挑战，也无法满足多用户共享数据和快速检索数据的需求。

在这样的背景下，20 世纪 60 年代，数据库应运而生。在数据库技术领域，数据库所使用的典型数据模型主要有层次数据模型、网状数据模型和关系数据模型。这 3 种模型是按照它们的数据结构来命名的，它们之间的根本区别就是数据之间联系的表达方式不同。虽然对于数据的集中存储、管理和共享的问题，网状数据库和层次数据库已经给出较好的解答，但是当前数据库在数据独立性和抽象级别上仍有较大的欠缺。为了解决这些问题，关系数据库应运而生。目前市面上的数据库主要是关系型数据库系统。

数据库技术是信息技术领域的核心技术之一，绝大多数的信息系统需要使用数据库系统来组织、存储、操作和管理业务数据。那么，如何保证数据库平台安全可靠地运行呢？数据库审计系统出现了。

数据库审计系统旨在为关键数据库平台提供业内最好的自动化审计和安全保护。它通过发现和评估、持续审计和有效的衡量来帮助企业了解其数据库活动状况和风险状况。

数据库审计系统是对数据库访问行为进行监管的系统，一般采用旁路部署的方式，通过镜像或探针的方式采集所有数据库的访问流量。基于 SQL 语法、语义的解析技术，记录下数据库的所有访问和操作行为，如访问数据的用户信息（IP、账号、时间）、操作（增、删、改、查）、对象（表、字段）等。数据库审计系统的主要价值有两点：一是在发生数据库安

全事件（如数据篡改、泄露）后为事件的追责、定责提供依据；二是针对数据库操作的风险行为进行实时告警。

1. 需求背景

法律法规和行业标准促使企事业单位把审计过程扩展到企业数据库中存储的敏感数据。审计人员和 IT 人员必须合作来证明数据库系统、ERP 系统及定制的业务应用系统符合相关法规的管制要求。还必须监视数据库管理员的活动，并将其与企业规则和规定进行比较。

不幸的是，审计关键的应用程序和数据库不是一项简单的工作。它们服务于各有不同权限的大量用户，支持高事务处理率，还必须满足苛刻的服务水平要求。商业数据库软件内建的审计能力不能满足独立性的基本要求，还会降低数据库性能并增加管理费用。另外，第三方审计产品不能记录、跟踪审计员所需的所有信息。

数据库审计系统是一个独立的、完整的审计解决方案，不但能够满足各种法规符合性要求，还能够保持应用系统的性能。

2. 功能

数据库审计系统的功能如下。

（1）发现和服务器漏洞管理

① 数据库发现和分类

数据库审计系统可确保企业能够保护所有敏感数据并区分其优先级。基于网络的全网数据库服务器的发现可确保企业对数据的了解。基于数据库包含的数据类型对数据库进行分类，可帮助企业映射所发现的服务器并区分其优先级，并可基本了解哪些服务器属于法规监管的范围。

② 全面的漏洞评估

数据库审计系统包含一套完整的平台评估测试、RDBMS（关系数据库管理系统）漏洞评估机制，可帮助企业纠正和控制其数据库环境的配置并实现整体漏洞管理策略。

③ 智能行为评估

智能行为评估是一种独特的方法，可以帮助我们了解用户和应用程序实际上是如何访问和操作数据库数据的。数据库审计系统会构建一个用于分析和报告的全面使用行为模型，该模型提供详细的活动信息，如时间/日期、源/目标、用户、客户端应用程序等，该模型还可用于发现异常活动。

（2）自动审计和安全保护

数据库审计系统包含一套可快速实现的完整的预定义审计与安全规则，用于监控任何数据库环境。这些规则基于"黑名单"和"白名单"安全模块，这些模块可通过数据库审计系统的动态建模技术及不断更新的研究成果得以持续更新。动态建模技术可持续自动检测并更改，使管理员不必再手动创建和更新包含成百上千个数据库对象、用户和 SQL 的冗长白名单。

（3）持续审计和分析所有数据库通信

细化审计并持续实时监控所有数据库操作可为企业提供每个事务处理的"谁""什么""何时""何处"和"如何"的详细审计线索。数据库审计系统捕获所有数据库活动，这些活动包括 DML（数据操作语言）活动、DDL（数据定义语言）活动、DCL（数据控制语言）活动、查询活动、存储过程更改、触发器和数据库对象更改、SQL 错误和数据库登录活动。数据库审计系统还监控数据库响应以确保不会泄露敏感数据。

① 管理安全对策和更改

数据库审计系统实时监控数据库活动并检查各种操作系统和协议级、SQL 级的数据库攻击。通过细化的更改行为审计准确地对欺骗性活动、数据库更改及攻击进行报警，并发送实时报警、分配后续任务及确保更改控制。

② 独立的监控和审计

作为一个独立的监控解决方案，数据库审计系统不需要启用自身审计工具，也不依赖数据库管理员来执行和维护。数据库审计系统利用网关设备来监控网络通信，利用轻量级的数据库审计代理来捕获本地活动并消除盲点。这种非入侵式的混合体系结构可确保审计的独立性与职责的分离。

③ 防篡改审计线索

数据库审计系统捕获详细的审计线索，将其存储在一个安全的外部硬件存储库中，用户可通过只读视图来访问。出于管理和安全使用的目的，该存储库实行基于角色的访问控制机制。为了确保审计线索的完整性，还可以对其进行加密。

（4）简化合规性工作

① 交互式审计分析

通过交互式审计分析，我们可以全面了解所审计的活动，这可使不了解技术的数据库审计员只击几下鼠标即可从几乎所有角度分析、关联和查看数据库活动，从而很容易识别可能掩盖了安全风险或合规问题的趋势和模式。

数据库审计系统提供预定义的图形报表，可以很方便地报告受审计事件，这有助于度量风险并应对合规性要求。特定报表用于展示 SOX（萨班斯 – 奥克斯利法案）、PCI（协议控制信息）和其他数据隐私法规的符合情况，安排自动生成报表时间、发送 PDF 或 HTML 格式的结果及与 SIEM（安全信息和事件管理）、传票系统和其他第三方解决方案进行集成，简化了业务处理。

② 数据库的风险管理

数据库审计系统大大减少了管理数据风险所需的工作。企业风险管理集中展示页面和细化的视图有助于企业降低非法访问和欺骗性活动的风险。

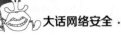
（5）灵活的部署

① 灵活的部署模式

数据库审计系统提供最灵活的部署选项，包括不影响业务的网络监控、轻量级代理监控、数据库自身审计信息收集或混合模式。这使企业能够以任意的方式混合部署数据库审计系统相关功能模块，以满足自己特有的拓扑和业务需求。

② 性能和可扩展性

数据库审计系统提供快速处理和完备的审计功能，可以轻松地扩展，以支持从中小企业到大型企业的任何环境。

③ 集中管理

数据库审计系统提供对网关设备的集中管理，这使大规模部署的效率更高，甚至对最大型的企业也支持分层次的规则管理。

8.3.6 数据防泄露（DLP）系统

近年来，网络信息安全隐患越来越突出，信息泄密事件时有发生。众所周知，电子文档极易复制，容易通过邮件、光盘、U盘、网络存储等各种途径传播；企事业单位的机密文档、研发源代码、图纸等核心技术机密资料很容易经内部员工的泄密流转到外面，甚至落到竞争对手的手中，给单位造成极大的经济损失。

常见的泄密途径包括以下9种。

（1）内部人员将机密电子文件通过U盘等移动存储设备从计算机中复制出来，带出公司。

（2）内部人员将自带笔记本计算机接入公司网络，把机密电子文件复制出来，带出公司。

（3）内部人员通过互联网将机密电子文件通过电子邮件、QQ、微信等发送出去。

（4）内部人员将机密电子文件打印、复印后带出公司。

（5）内部人员通过刻录光盘或屏幕截图将机密电子文件带出公司。

（6）内部人员把含有机密电子文件的计算机或计算机硬盘带出公司。

（7）含有机密电子文件的计算机因为丢失、维修等落到外部人员手中。

（8）外部计算机接入公司网络，访问公司机密资源，盗取机密电子文件。

（9）内部人员将通过互联网存储机密文件。

为解决这些泄密风险问题，许多单位采取拆除光驱、软驱，封闭USB接口，限制上网等方法；或者安装一些监控软件，监控员工的日常工作。但人们很快发现，拆除光驱、软驱，限制上网，封闭USB接口，安装监控软件等做法一方面严重影响工作的方便性，并容易引起员工的抵触情绪，甚至可能会带来法律方面的问题；另一方面还是无法从根本上杜绝有意的内部泄密行为。

大量事实也证明这些方法的效果并不是很好，主要存在的弊端如下。

（1）影响员工工作情绪，甚至出现法律纠纷。

（2）增加企业运营成本，降低工作效率。

（3）无法防止软件研发人员泄密。

（4）精力都花在泄密后的事后追溯上。

DLP 系统以数据资产为中心、泄露风险为驱动，区别于传统边界防御而关注信息安全本质——数据与内容安全，依据数据特点及用户泄密场景，设置对应规范，对静态数据、动态数据及使用中的数据进行全方位、多层次的分析和保护，对各种违规行为执行监控、阻断等措施，并对数据的全生命周期进行审计，防止企业核心数据以违反安全策略规定的方式流出而泄密，实现对企业最宝贵的核心机密数据的保护和管理。按数据泄露的途径，DLP 系统分为网络 DLP 系统、终端 DLP 系统、邮件 DLP 系统。下面分别介绍不同 DLP 系统的部署方式和实现的功能。

1. 网络 DLP 系统

网络 DLP 系统以旁路或串联的方式部署在网络出口处，负责监控网络流量，分析并报告其中包含的敏感数据内容。支持的协议包括简单邮件传输协议（SMTP）、超文本传输协议（HTTP）、文件传输协议（FTP）、服务器信息块（SMB）协议和其他自定义的 TCP 会话流量。

其功能如下。

（1）全流量检测、审计。

（2）简单加密算法解密。

（3）流量内容检查。

（4）自定义协议。

（5）支持 SMTP、POP3、HTTP、FTP、SMB 等协议。

2. 终端 DLP 系统

终端 DLP 系统安装在员工的办公终端或者云端的虚拟机上，负责保护员工终端上的数据，可以对通过终端外发的数据内容进行审计和管理，同时可以扫描终端硬盘上的敏感数据内容，进行统一报告。其支持的通道包括移动存储、终端通信协议（SMTP/HTTP/HTTPS/FTP/SMB 等）、IM 即时聊天工具、光盘刻录、截屏和打印等；即便这些设备被带离企业环境，终端 DLP 系统依然可以以离线的方式对用户的数据进行保护。

其功能如下。

（1）数据落盘检测。

（2）数据外发审计和保护。

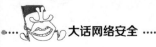

（3）数据外发加密（移动存储）。

（4）屏幕显示水印和文件访问水印，防止拍照和截图。

（5）打印水印。

（6）终端数据扫描发现。

3. 邮件 DLP 系统

邮件 DLP 系统部署在企业邮件服务器的下一跳位置，负责监控和管理向外发送的邮件内容中包含的敏感数据，可以对涉及敏感内容的邮件进行审计、隔离、阻断、审批等操作。

其功能如下。

（1）邮件外发审计。

（2）敏感内容外发阻断。

（3）邮件内容检查。

（4）邮件审批。

（5）邮件加密外发。

（6）支持 MTA（邮件传送代理）、旁路部署和串联部署。

首次尝试采用终端 DLP 系统的企业可以遵循以下原则。

数据防泄露方案遵从统一规划、分布实施、抓大放小、先易后难的原则。根据一般企业数据泄露的规律，可以先从互联网出口及邮件着手，逐步扩展到企业应用，再扩展到移动设备和云。所以数据安全防护工作可分为五步：第一步是进行网络数据防泄露工作，终端 DLP 系统先采用监控模式，对业务没有任何影响，之后可以逐渐过渡到阻断模式；第二步是进行终端数据防泄露工作；第三步是进行应用系统数据防泄露工作；第四步是进行移动端手机数据防泄露工作；第五步是进行云数据防泄露工作。

8.4　计算环境安全风险应对方案

1. 主机身份鉴别与访问控制

针对主机的双因素身份鉴别，一般可采用专业的统一身份认证产品，可结合企业的身份认证系统实现基于数字证书的双因素认证，所使用的密码设备应符合国家密码管理的相关要求。

2. 一体化终端安全防护

综合分析企业面临的终端安全风险，用一个综合的终端安全管理系统来满足不同层面的安全需求、合规要求。在满足这些需求的同时，应不会割裂这些系统之间的关系，使其能在统一的安全环境里执行一致的安全策略，并互相协同，发挥最大的安全防护作用。

3.　主机脆弱性评估与检测

采用漏洞扫描工具针对传统的操作系统、网络设备、防火墙、远程服务等系统漏洞进行渗透测试。测试系统补丁更新、网络设备漏洞、远程服务端口开放等情况并进行综合评估，在黑客发现系统漏洞前向用户提供安全隐患评估报告，提前进行漏洞修复，避免黑客攻击事件的发生。

4.　虚拟机安全防护

针对虚拟机，可以采用虚拟化安全管理平台对虚拟机进行统一的安全防护。

5.　应用身份鉴别与访问控制

需要实现对应用系统访问的双因素认证。采用统一身份认证服务系统可以实现对用户身份的统一管理和多种方式组合的强身份认证。

6.　Web 应用安全防护

可以采用 Web 应用防火墙对 Web 应用进行安全防护。Web 应用防火墙可针对 Web 应用实现防护功能。

部署上采用串行透明接入模式，交换机上串行接入 Web 应用防火墙，所有 Web 请求和恶意访问攻击均由 Web 应用防火墙来处理，这些请求和恶意访问攻击经清洗、过滤后，Web 应用防火墙向真实的服务器提交请求并将响应进行压缩等处理后送交给请求客户端。这样可以很好地防范来自互联网的威胁，保护网站安全、稳定、高性能地运行。

7.　应用开发安全与审计

在系统开发过程中，应当在设计阶段同步考虑安全功能的设计，并在系统编码阶段同步实现安全功能，按照等级保护的要求，应用系统应具备以下安全功能。

（1）身份鉴别

① 应对登录的用户进行身份标识和鉴别，身份标识具有唯一性，鉴别信息有复杂度要求，应定期进行更换。

② 应提供并启用登录失败处理功能，多次登录失败后应采取必要的保护措施。

③ 应强制用户首次登录时修改初始口令。

④ 用户身份鉴别信息丢失或失效时，应采用技术措施确保鉴别信息重置过程的安全。

⑤ 应采用两种或两种以上组合的鉴别技术对用户进行身份鉴别，且其中一种鉴别技术至少应使用动态口令、密码技术或生物技术来实现。

（2）访问控制

① 应提供访问控制功能，为登录的用户分配账号和权限。

② 应重命名或删除默认账户，修改默认账户的默认口令。

③ 应及时删除或停用多余的、过期的账户，避免共享账户的存在。

④ 应授予不同账户为完成各自承担任务所需的最小权限，并在它们之间形成相互制约

的关系。

⑤ 应由授权主体配置访问控制策略，访问控制策略规定主体对客体的访问规则。

⑥ 访问控制的粒度应达到主体为用户级，客体为文件、数据库表级，记录或字段级。

⑦ 应对敏感信息资源设置安全标记，并控制主体对有安全标记的信息资源的访问。

（3）安全审计

① 应提供安全审计功能，审计覆盖到每个用户，对重要的用户行为和重要的安全事件进行审计。

② 审计记录应包括事件的日期和时间、用户、事件类型、事件是否成功及其他与审计相关的信息。

③ 应对审计记录进行保护，定期备份，避免其在未预期条件下被删除、修改或覆盖等。

④ 应确保审计记录的留存时间符合法律法规的要求。

⑤ 应对审计进程进行保护，防止未经授权的中断。

（4）入侵防范

应提供数据有效性检验功能，保证通过人机接口或通信接口输入的内容符合系统设定要求。

（5）数据完整性

① 应采用校验码技术或密码技术保证重要数据在传输过程中的完整性，包括但不限于鉴别数据、重要业务数据、重要审计数据、重要配置数据、重要视频数据和重要个人信息等。

② 应采用校验码技术或密码技术保证重要数据在存储过程中的完整性，包括但不限于鉴别数据、重要业务数据、重要审计数据、重要配置数据、重要视频数据和重要个人信息等。

（6）数据保密性

① 应采用密码技术保证重要数据在传输过程中的保密性，包括但不限于鉴别数据、重要业务数据和重要个人信息等。

② 应采用密码技术保证重要数据在存储过程中的保密性，包括但不限于鉴别数据、重要业务数据和重要个人信息等。

（7）剩余信息保护

① 应保证鉴别信息所在的存储空间被释放或在重新分配前得到完全清除。

② 应保证存有敏感数据的存储空间被释放或在重新分配前得到完全清除。

（8）个人信息保护

① 应仅采集和保存业务必需的用户个人信息。

② 应禁止未授权访问和非法使用用户个人信息。

（9）开发代码安全

第三方软件开发商应具备相应的开发资质，在应用开发过程中进行安全开发过程管理，并采用代码安全检测工具在开发过程中进行代码安全检测与审计，并要求第三方开发厂商提供系统源代码。

8. 数据加密与保护

数据的完整性和保密性保护措施可以在应用系统开发过程中同步被采取，但数据保护是一个复杂的过程，由于数据的分散性和流动性，在终端、网络、数据库等各层面也需要采用相关的数据防护措施。

建议通过以下具体的技术保护手段，在数据和文档的整个生命周期中对它们进行保护，确保内部数据在整个生命周期内的安全。

（1）加强对于数据的分级分类管理

对关键敏感数据须设置标记，对于重要的数据应针对其本身设置相应的认证机制。

（2）加强对于数据的授权管理

对文件系统的访问权限进行一定的限制，对网络共享文件夹进行必要的认证和授权。如果有必要，可禁止在个人计算机上设置网络文件夹共享。

（3）数据和文档加密

保护数据和文档的另一个重要方法是对数据和文档进行加密。数据加密后，即使有人获得了相应的数据和文档，也无法获得其中的内容。

针对网络设备、操作系统、数据库系统和应用程序的鉴别信息，敏感的系统管理数据和敏感的用户数据，应采用加密或其他有效措施保证它们在传输过程中的保密性和存储过程中的保密性。

当使用便携式和移动式设备时，应进行加密或者采用可移动磁盘存储敏感信息。

（4）加强对数据和文档日志的审计管理

使用审计策略对文件夹、数据和文档进行审计，审计结果记录在安全日志中，通过安全日志就可查看哪些组或哪些用户对文件夹、文件进行了什么级别的操作，从而发现系统可能面临的非法访问，并采取相应的措施将这种安全隐患排除。

（5）进行通信保密

用于特定业务通信的通信信道应符合相关的国家规定，密码算法和密钥的使用应符合国家密码管理规定。

对于存在大量敏感信息的系统，还可针对信息系统和数据在使用过程中面临的具体风险进行整体分析，采用专业的数据防泄露系统对数据进行全生命周期防护。

9. 数据访问安全审计

在一般情况下，数据库审计系统旁路部署在服务器区，对数据库访问行为进行审计。

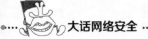

10. 数据备份与恢复

在等级保护制度中，针对数据的备份和恢复要求，应用数据的备份和恢复应具有以下功能。

（1）应提供重要数据的本地数据备份与恢复功能。

（2）应提供异地实时备份功能，利用通信网络将重要数据实时备份至备份场地。

（3）应提供重要数据处理系统的热冗余，保证系统的高可用性。

Chapter 9
第 9 章
安全运营中心

国家的安全、稳定除了依靠警察、军队等，世界各国还普遍设置有情报机构，旨在收集影响国家安全的国内外各类情报进行分析研判，并及时对不利于国家的事件做出处置。

世界几大情报机构包括美国中央情报局（CIA）、俄罗斯联邦安全局、英国军情六处等。

CIA 是美国政府的一个情报机构，负责收集、分析和传递与国家安全相关的信息。CIA 成立于 1947 年，是美国情报社区的领导者和协调者。CIA 的总部位于弗吉尼亚州的兰利，由总统任命的局长领导。CIA 的主要职能包括执行人工情报活动、监督和评估其他情报机构的工作等。

俄罗斯联邦安全局主要负责俄罗斯国内的反间谍工作，同时也打击危害到俄罗斯国家安全的非法组织和集团，装备有武装直升机、装甲战车、火炮、武装舰艇等重型武器。

英国军情六处在 1909 年建立，它是英国负责搜集国外情报和反恐怖主义活动的机构。第二次世界大战，英国军情六处截获和破译了德国电报，为英国赢得最后的胜利立下了汗马功劳。

我国早在明朝时期，开国皇帝朱元璋就设立了锦衣卫作为收集情报的机构，锦衣卫主要职能为"掌直驾侍卫、巡查缉捕"，从事侦察、逮捕、审问等活动。也有参与收集军情、策反敌将的工作。

在网络世界里，同样也需要一个专门的机构，对可能影响网络安全的各种信息、事件进行收集和研判，部署相应的防范手段。这个专门的机构就是安全运营中心。

9.1 安全运营中心是什么

目前，单凭一种或几种安全技术很难应对复杂的网络安全问题，网络安全人员的关注点也从单个安全问题的解决，发展到研究整个网络的安全状态、其变化趋势以及持续性的安全评估。

安全运营中心对影响网络安全的诸多要素进行获取、理解、评估，并预测未来的发展趋势，进行持续性的安全评估，能够对网络安全性进行定量分析和精细度量。安全运营也已经成为网络安全 2.0 时代安全技术的焦点，对保障网络安全起着非常重要的作用。安全运营中心就相当于网络界的军机处，是网络安全管理的中枢。

随着网络安全威胁环境的不断变化，安全运营中心也随之不断演变，每一代安全运营中心都有自己的特征和目标，业界目前正在定义第 5 代安全运营中心。安全运营中心的发展历程如图 9.1 所示。

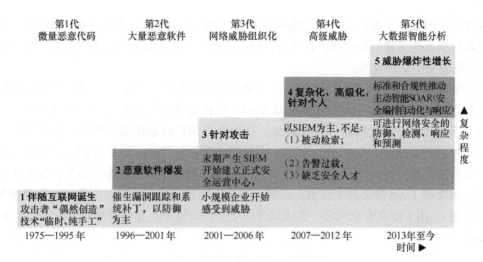

图 9.1 安全运营中心的发展历程

当前，驱动安全运营中心发展的主要因素有以下几个。

（1）日益严峻的国内外网络安全大环境。面对网络攻击组织化、产业化态势，我们需要不断推进安全工作进一步迭代，需要安全运营中心保障企事业单位整体安全运营。

（2）政策法规推动下的合规管控要求的增强。信息安全已上升为国家战略，2016 年以来，我国网络安全监管环境整体趋严、趋紧，强制性更高而且监管范围扩大，《中华人民共和国网络安全法》等法规落地，信息安全行业迎来空前的发展机遇。

（3）常态化对抗下的安全能力不足内生出的安全管控需求。近几年，网络安全攻防演习成为各企事业单位，甚至国家层面培养网络安全人才的创新型培养模式。网络安全攻防演习可以真实地展现出安全问题。各企事业单位发现，要具备防御能力，离不开安全运营体系的加持。企业对于安全风险控制的追求是安全运营中心发展的核心动力。在安全和强攻防对抗下，企业需求实现从"合规"到"效果"的升级，回归到了安全攻防的本质。

（4）企业成长产生的对安全运营中心的需要。从发展周期视角来看，随着企业的成长，企业的市值、体量、社会影响力都在不断增大，安全建设工作也有了基础，企业对安全保障及管理有了需求，到了需要建设安全运营中心的阶段。

（5）新一代信息技术应用带来的安全运营需求。随着云计算、大数据、物联网、移动互联网、人工智能等新一代信息技术的广泛应用，智能交通、智能物流、工业智能化等许多新的应用场景应运而生，同时也出现了新的安全风险与挑战。例如，工业控制系统与传统 IT 系统存在很大的差异，工业控制协议类型繁多、适用于不同的控制环境，相对于传统互联网安全而言，工业互联网安全领域依旧是一个盲点。供电、供水这些基础设施的核心是工业控制系统，其如果遭遇黑客攻击，会面临更大面积的瘫痪，需要安全运营中心提供有效的信息安全防护保障。

安全运营是通过规划、统筹与运用多种手段将安全产品和服务的核心价值持续输出传递给用户的过程。安全运营中心传递给用户的核心价值是发现问题、验证问题、分析问题、响应处置、解决问题并迭代优化，持续降低用户面临的安全风险。安全运营中心不是单纯的产品或服务的堆叠，而是一个以安全为目标导向，统筹规划人（运营团队建设、人员能力提升等）、工具和技术（安全基础设施建设、大数据集中分析、安全编排自动化与响应等）、运营管理（检测、预警、响应、恢复和反制，以及配套的运营流程和管理制度等），用于解决安全问题，实现最终的安全保障体系。安全运营管理的定位如图 9.2 所示。

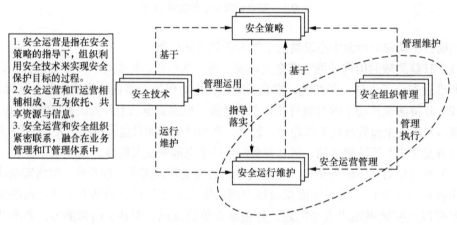

图 9.2 安全运营管理的定位

安全运营中心建设最主要的难点是对专业度的要求，包括安全攻击、防御、分析等技术的积累，安全发展新动态的跟踪，以及拥有高端安全人才队伍等。安全运营中心的建设需要与整体业务安全进行同步规划。安全运营中心建设也不可能一蹴而就，是一个长期运营、不断完善的过程；应围绕业务安全目标，统一规划、分步实施、长期坚持，逐步构建完善的网络安全体系。

9.2 安全运营中心技术标准

安全运营中心技术标准如表 9.1 所示。

表 9.1　安全运营中心技术标准

项目	第一级安全要求	第二级安全要求	第三级安全要求	第四级安全要求
系统管理	—	应对系统管理员进行身份鉴别，只允许其通过特定的命令或操作界面进行系统管理操作，并对这些操作进行审计； 应通过系统管理员对系统的资源和运行进行配置、控制和管理，包括用户身份、系统资源配置、系统加载和启动、系统运行的异常处理、数据和设备的备份与恢复等	同第二级安全要求	同第三级安全要求
审计管理	—	应对审计管理员进行身份鉴别，只允许其通过特定的命令或操作界面进行安全审计操作，并对这些操作进行审计； 应通过审计管理员对审计记录进行分析，并根据分析结果进行处理，包括根据安全审计策略对审计记录进行存储、管理和查询等	同第二级安全要求	同第三级安全要求
安全管理	—	—	应对安全管理员进行身份鉴别，只允许其通过特定的命令或操作界面进行安全管理操作，并对这些操作进行审计；	同第三级安全要求

续表

项目	第一级安全要求	第二级安全要求	第三级安全要求	第四级安全要求
			应通过安全管理员对系统中的安全策略进行配置,包括安全参数的设置,对主体、客体进行统一安全标记,对主体进行授权,配置可信验证策略等	
集中管控	—	—	应划分出特定的管理区域,对分布在网络中的安全设备或安全组件进行管控; 应能够建立一条安全的信息传输路径,对网络中的安全设备或安全组件进行管理; 应对网络链路、安全设备、网络设备和服务器等的运行状况进行集中监测; 应对分散在各个设备上的审计数据进行收集汇总和集中分析; 应对安全策略、恶意代码、补丁升级等安全相关事项进行集中管理; 应能对网络中发生的各类安全事件进行识别、报警和分析	在第三级安全要求的基础上增加: 应保证系统范围内的时间由唯一确定的时钟产生,以保证各种数据的管理和分析在时间上的一致性

9.3　安全运营中心的技术和产品

9.3.1　堡垒机

1. 什么是堡垒机

堡垒机是在一个特定的网络环境下,为了保障网络和数据不受外部和内部用户的入侵和破坏，采用一定技术手段监控和记录运维人员操作网络内的服务器、网络设备、安全设备、数据库等行为，以便集中报警、及时处理及审计定责的一种设备。

简单来说，堡垒机是用来控制哪些用户可以登录哪些资源（事先防范和事中控制），以及记录用户登录资源后做了什么事情（便于事后追责）的一种设备。

堡垒机的核心为可控及审计。可控指的是权限可控、行为可控。权限可控：如某个程序员要离职或转岗，如果没有一个统一的权限管理入口，就意味着即便是离职后其也可以访问企业内部资源，会给企业带来风险。行为可控：如需要集中禁用某个危险指令，如果没有一个统一的管理入口，操作的难度就会非常大。

2. 堡垒机的由来

堡垒机是从跳板机（也叫前置机）的概念演变过来的。早在 2000 年的时候，一些大中型企业为了能对运维人员的远程登录进行集中管理，会在机房部署一台跳板机。跳板机其实就是一台 Unix/Windows 操作系统的服务器，所有运维人员都需要先远程登录跳板机，然后通过跳板机登录其他服务器进行运维操作。

但跳板机并没有实现对运维人员操作行为的控制和审计，在使用跳板机过程中，还是会出现误操作、违规操作导致的操作事故，一旦出现操作事故，就很难快速定位原因和责任人。此外，跳板机存在严重的安全风险，一旦跳板机系统被攻入，则后端资源将暴露无遗。同时，对于个别资源（如 Telnet），通过跳板机就可以完成一定的内控，但是对于更多、更特殊的资源（如 FTP、RDP 等），跳板机就显得力不从心。

人们认识到了跳板机的不足，进而需要更新、更好的安全技术理念来实现运维操作；需要一种能满足角色管理与授权审批、信息资源访问控制、操作记录和审计、系统变更和维护控制要求，并能生成一些统计报表配合管理规范来不断提升 IT 内控的合规性的产品。在这些理念的指导下，2005 年前后，堡垒机开始以一个独立的产品形态被广泛部署，这有效地降低了运维操作风险，使得运维操作变得更简单、更安全。堡垒机的工作方式如图 9.3 所示。

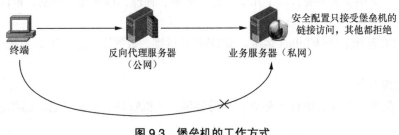

图 9.3　堡垒机的工作方式

3. 设计理念

堡垒机主要以 4A[认证（Authentication）、授权（Authorization）、账号（Account）、审

计（Audit）] 理念为核心。

4. 堡垒机的目标

堡垒机的建设目标可以概括为"5W"，主要是为了降低运维风险，具体如下。

（1）审计：你做了什么？（What）

（2）授权：你能做哪些？（Which）

（3）账号：你要去哪？（Where）

（4）认证：你是谁？（Who）

（5）来源：访问时间？（When）

5. 堡垒机的价值

（1）集中管理。

（2）集中权限分配。

（3）统一认证。

（4）集中审计。

（5）数据安全。

（6）运维高效。

（7）运维合规。

（8）风险管控。

6. 堡垒机的分类

堡垒机分为商业堡垒机和开源堡垒机，毫无疑问，开源堡垒机将是未来的主流。JumpServer 是全球首款完全开源的堡垒机，是符合 4A 理念的专业运维审计系统。在 GitHub 平台上十分受欢迎。

7. 堡垒机的功能架构

常见的堡垒机的功能架构如图 9.4 所示。

目前，常见堡垒机主要有以下几个平台：运维、管理、自动化、控制、审计。

（1）运维平台

RDP/VNC 运维、SSH/Telnet 运维、SFTP/FTP 运维、数据库运维、Web 系统运维、远程应用运维。

（2）管理平台

三权（配置、授权、审计）分立、身份鉴别、主机管理、密码托管、运维监控、提供电子工单。

（3）自动化平台

自动改密、自动运维、自动收集、自动授权、自动备份、自动告警。

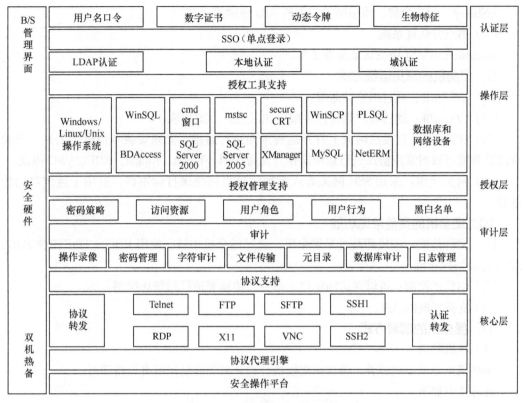

B/S 管理界面	用户名口令		数字证书		动态令牌		生物特征		认证层
	SSO（单点登录）								
	LDAP 认证			本地认证			域认证		
	授权工具支持								操作层
	Windows/Linux/Unix 操作系统	WinSQL	cmd 窗口	mstsc	secure CRT	WinSCP	PLSQL	数据库和网络设备	
		BDAccess	SQL Server 2000	SQL Server 2005	XManager	MySQL	NetERM		
安全硬件	授权管理支持								授权层
	密码策略	访问资源		用户角色		用户行为		黑白名单	
	审计								审计层
	操作录像	密码管理	字符审计	文件传输		元目录	数据库审计	日志管理	
	协议支持								
双机热备	协议转发	Telnet	FTP		SFTP		SSH1	认证转发	核心层
		RDP	X11		VNC		SSH2		
	协议代理引擎								
	安全操作平台								

图 9.4　常见的堡垒机的功能架构

（4）控制平台

IP 防火墙、命令防火墙、访问控制、传输控制、会话阻断、运维审批。

（5）审计平台

命令记录、文字记录、SQL 记录、文件保存、全文检索、审计报表。

8．堡垒机的身份认证

使用堡垒机主要就是为了统一运维入口，所以堡垒机登录系统必须支持灵活的身份认证方式。

（1）本地认证

本地账号和密码认证，一般支持强密码策略。

（2）远程认证

一般可支持第三方 AD/LDAP/Radius 认证。

（3）双因子认证

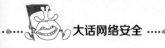

USBKey、动态令牌、短信网关、手机 App 令牌等。

（4）第三方认证系统

OAuth2.0、CAS（中央认证服务）等。

9. 堡垒机的常见运维方式

（1）B/S 运维：通过浏览器运维。

（2）C/S 运维：通过客户端软件运维，如 Xshell、CRT 等。

（3）H5 运维：直接在网页上打开远程桌面进行运维，无须安装本地运维工具。只要有浏览器就可以对常用协议进行运维操作，支持 SSH、Telnet、Rlogin、RDP、VNC 协议。

（4）网关运维：采用 SSH 网关方式实现代理直接登录目标主机，适用于运维自动化场景。

10. 堡垒机的其他常见功能

（1）文件传输：一般都是登录堡垒机，通过堡垒机中转，使用 RDP/SFTP/FTP/SCP/RZ/SZ 等传输协议传输。

（2）细粒度控制：可以对访问用户、命令、传输等进行精细化控制。

（3）支持开放的 API。

11. 堡垒机的部署方式

（1）单机部署

堡垒机主要是单机部署，旁挂在交换机旁边，只要能访问所有设备即可。

部署特点如下。

① 旁路部署，逻辑串联。

② 不影响现有网络结构。

（2）HA（高可用性）部署

旁路部署两台堡垒机，中间通过心跳线连接，同步数据。两台堡垒机对外提供一个虚拟 IP 地址。

部署特点如下。

① 两台硬件堡垒机，一主一备。

② 当主机出现故障时，备机自动接管服务。

（3）异地同步部署

在多个数据中心部署多台堡垒机。堡垒机之间进行配置信息的自动同步。

部署特点如下。

① 多地部署，异地配置自动同步。

② 运维人员访问当地的堡垒机进行管理。

③ 不受网络/带宽影响，同时实现灾备目的。

（4）集群部署（分布式部署）

当需要管理的设备数量很多时，可以将 *n* 台堡垒机进行集群部署。其中两台堡垒机一主一备，其他 *n*–2 台堡垒机作为集群节点，给主机上传同步数据，整个集群对外提供一个虚拟 IP 地址。

部署特点如下。

① 两台硬件堡垒机，一主一备。

② 当主机出现故障时，备机自动接管服务。

9.3.2　网络安全态势感知平台

态势感知（SA）的概念最早在军事领域被提出。20 世纪 80 年代，美国空军就提出了态势感知的概念，态势感知覆盖感知（感觉）、理解和预测 3 个层次。20 世纪 90 年代，态势感知的概念开始被逐渐接受，并随着网络的兴起而升级为"网络态势感知"（CSA）。网络态势感知指在大规模网络环境中对能够引起网络态势发生变化的安全要素进行获取、理解、显示及对最近的发展趋势进行顺延性预测，而最终的目的是要进行决策与行动。那么预测、预报哪个领域用得最多？当然是气象台，在这里，我们讲述一个与天气预报有关的小故事，让读者理解什么是网络安全态势感知系统。

人物介绍。

王局长：大数据局局长，2020 年初由某市气象局调任。

李乐乐：大数据局安全技术处处长，做事大大咧咧，但他技术非常好，是网络安全专业科班出身。自嘲网络"砖家"，因此平常大家叫他"砖家"。

张丹丹：网络安全专业本科刚毕业的女大学生。

场景一：2020 年冬天

"什么？气象局的王局长调到我们这里负责城市网络安全态势感知？！"安全处刚成立，大家听到一个外行来管自己，实在不敢相信，而且也心怀不满！

"什么叫外行？！在态势感知方面，气象局是内行！你们调研考察两年过去，你看看你们的态势感知方案，都是什么？给了我 3 个方案，一个是安装杀毒软件，另一个是部署 IDS，还有一个是使用漏洞扫描工具！这就是态势感知？"市领导生气地把方案报告丢到了桌上，"我对你们的态势感知方案实在不满意！"

"再看看你们现在建设的态势感知展览室，就是一种纯大屏幕酷炫展示，数据都不准确，你们甚至编数据，把感知图搞得跟个地产开发商的沙盘图一样！完全不实用！"市领导继续说道。

"砖家"漠然地回去了，第二天来到单位，王局长已经在办公室等他了。

李乐乐："王局长，这是我们的态势感知方案，请您过目。"

王局长："你的方案我已经看过了，你的方案写得很有落地性，只是指导性和整体性需要做一些调整。我30年前进入气象单位，对网络安全不熟悉，但我想它们应该有一些共同点，我们一起探讨一下。"

李乐乐："那时候您遇到的问题有哪些呢？"

王局长："当时主要目标是给粮食生产、工业活动提供预报。当时我制定的策略是分阶段建设能力——一是收集历史数据，二是感知当前现状，三是预测未来，四是干预未来气象。"

"砖家"顿时觉得清醒了！

王局长喝了口茶，继续说道："这些说起来容易，我们一投入实践，才发现很难！我们的设备设施不够，想监测的内容又多，包含风力、阴晴、雨雪、冰雹、暴风等，我们依据当前成熟的科技、成熟的设备、部署的难易度，结合阶段能力建设规划了一个蓝图。"

"砖家"有点儿明白了："那一定是从风速、气温预报开始？"

王局长："对了！当时我们就在全国部署了20万个风速、风向、气温检查箱，每天派人去查看，然后通过电话报回总部，总部记录下来。我们记录半年数据后，请中国科学院教学与系统科学研究院的同志帮我们做数学建模，用现在的话来说就是大数据分析，机器学习！预报越准，大家越能更好地安排出行。"

"砖家"迫不及待地问道："数据预测准确吗？"

王局长："数据基本准确，温度预测准确度达95%，风力预测准确度达98%！然后我们开始建设雷达站监测云层地反射波收集晴雨天气，建设自动雨量监测系统来收集雨量等信息。随着数据的不断积累，这样积累若干年数据后，气象局就可以预测晴雨天气和雨量情况了。再后来通过卫星做地形测绘、云层测绘、云层跟踪……"

李乐乐："这样看来，网络安全态势感知也应该按照阶段和内容来分段建设！和气象预报类似，阶段也相似：第一掌握历史，第二感知现在，第三预测未来，第四干预未来。内容包括漏洞、脆弱性、风险、黑客攻击事件、数据泄露事件。"

王局长："这很好，你要考虑一下，网络安全态势感知是为了解决什么问题？"

李乐乐："应该是解决最迫切的党政在线信息发布平台安全问题不可知、难以防范问题，然后是解决机构内部重要服务器数据安全问题，以及网民隐私泄露和网络诈骗问题……"

王局长："那么可以先考虑互联网在线信息系统安全威胁感知并优先处置，然后考虑漏洞、病毒木马问题感知，再说其他。"

结束与王局长的谈话，"砖家"回到办公室，按照王局长的思路，开始着手收集江城信息网络的历史数据，建设网络信息收集探针设备和大数据分析平台等工作。

场景二：一年后，网络安全态势感知预报直播间

张丹丹："这里是江城市广播电台网络安全态势预报节目，今天是 2021 年 5 月 1 日，今日网络安全态势整体为高危……局长，这个稿子上的'高危'我觉得不太贴合群众的理解，要不改成雷雨天气？"

王局长："有道理，你再想想哪个措辞既能贴合大家的理解，又能体现网络安全的特色，你想想，然后练几次。这可是第一次态势感知电视直播，以后每周一次，万事开头难，就靠你了！"

张丹丹："局长，我们播放的数据情况准不准呀，而且内容也很少，对我而言压力很大。'砖家'，数据采集统计这方面没问题吧？"

李乐乐："放心，数据肯定准确，我们为了这次态势播报，足足准备了一年的时间，建设了好多系统，安全技术处同志们这一年可忙坏了。"

张丹丹："这里是江城市广播电台网络安全态势预报节目，今天是 2021 年 5 月 1 日，今日网络安全态势整体为'雷雨天气'。

从以下两个角度来看：

（1）今日党政信息系统持续受到国际黑客组织的攻击，昨日 5 个网站和一个公众号信息发布平台被攻破，其他 981 个网站也受到同样的攻击，但被成功防护。预计该攻击还会持续一周左右，还有 2000 个政府信息发布平台和在线应用将受到其威胁，需要提前做好防护工作；

（2）关键基础设施持续受到勒索病毒影响，该病毒产生变异，利用了最新的 Windows 操作系统安全漏洞进行传播，危害等级高，影响全市 300 个关键基础设施所在单位，需要提前安装系统补丁。"

首次网络安全态势预报直播节目虽然比较简单，但是还是受到了领导的鼓励。于是"砖家"带领着团队沿着规划的路线继续进行态势感知的建设，包括漏洞情报采集系统、漏洞扫描探测系统等。

场景三：两年后

张丹丹："这里是江城市广播电台网络安全态势预报节目，今天是 2022 年 5 月 1 日，今日网络安全态势整体为'晴天'。从以下几个角度来看：

（1）今日党政系统……

（2）今日关键基础设施……

（3）今日，互联网被曝光黑客入侵窃取了一个公司数据，泄露了 6 万条公民的隐私数据，包括姓名、电话号码、GPS 信息，公安机关已经启动调查。

（4）今日发布高危安全漏洞 3 个，包括安卓手机蓝牙认证漏洞、思科管理员认证漏洞、谷歌浏览器内存数据漏洞，请大家及时安装最新补丁。"

场景四：两年后

张丹丹："这里是江城市广播电台网络安全态势预报节目，今天是 2023 年 5 月 1 日，今日网络安全态势整体为'晴天'。整体情况如下：

（1）今日党政系统……

（2）今日关键基础设施……

（3）互联网……

（4）安全漏洞……

（5）今日在网络城际出入口发现黑客攻击 60 余万次，成功阻断 99.9%。其中，黑客来源：来自国内的 IP 地址 2102 个，来自海外的 IP 地址 980 个，这些 IP 地址已经离线处理。"

场景五：网络安全态势感知平台不仅是一个系统，还是一套体系

这两年来，"砖家"建设了很多系统来支撑态势感知，具体如下。

（1）漏洞情报采集系统。

（2）漏洞扫描探测系统。

（3）网络资产测绘系统。

（4）在线业务云监控、云防御平台。

（5）关键单位出入口、骨干路由器部署病毒检测系统、入侵检测系统。

（6）部署黑客网络数据阻断系统。

（7）和各地运营商联动建设的黑客离线处置系统。

（8）和警方合作建设的网络诈骗报警信息同步系统。

（9）全球数据，尤其是暗网数据交易监测系统。

（10）大数据中心。

（11）智慧中心。

（12）网络资产拓扑发现系统。

（13）云监测系统。

（14）云防御系统。

（15）党政涉密单位出入口异常感知系统。

王局长："你下一步准备重点做哪些工作？"

李乐乐："下一步来看，首先我们应该把手伸长一米，把一些感知器往外扩一圈，扩到省一级骨干路由器，这样可以在威胁到来前提前感知；其次从现在态势感知来看，我们对市民隐私泄露感知不足，需要加强暗网监测及主要互联网企业的联动；再次从现在感知的盲区来看，重要单位应该建设自己的内网态势感知系统和我们联动。这样我们就能弥补一块很重要的盲区；最后从处置手段来看，我们要继续加强骨干网阻断器的部署。"

王局长点了点头："这很好！正好我今年年底也到了退休年龄，我已经向上级申请你接

我的班,希望你能更好地做好网络天气预报工作,尤其做好提前干预工作!"

场景六:态势感知为威胁处置服务

又过了 5 年,态势感知中心被上级更名为态势感知与威胁处置中心。看到这个名称的变化,"砖家"露出了满意的微笑!

最后总结一下,网络安全态势感知平台是通过感知网络环境来提取网络数据,并通过理解这些数据来评估网络安全状态和预测未来发展趋势,得到评估和预测的数据后制定决策,最后采取响应措施进行主动防御,反馈给网络环境实现安全防护,提高网络防御能力的多种系统集合。

Chapter 10
第 10 章
云计算安全

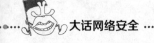

随着云计算的快速发展，越来越多的重要信息系统和业务场景向云平台逐步迁移。云平台聚集了大量的应用系统和数据资源，使云计算的安全问题成为业界关注的重点。

2017 年 2 月 24 日，一个使整个互联网为之一颤的漏洞被发现，知名云安全服务商 Cloudflare 被曝泄露用户 HTTPS 网络会话中的加密数据长达数月，受影响的网站数量至少在 200 万以上，其中涉及 Uber、1password 等多家知名互联网公司的服务。

据了解，Cloudflare 为众多互联网公司提供 CDN、安全等服务，帮助优化网页加载性能。然而一个编程错误，导致在特定的情况下，Cloudflare 的系统将服务器内存里的部分内容缓存到网页中。

因此，用户在访问由 Cloudflare 提供支持的网站时，通过一种特殊的方法可以随机获取来自其他人会话中的敏感信息，哪怕这些数据受到 HTTPS 的保护。这就好比你在发邮件时，执行一个特定操作就能随机获得他人的机密邮件。虽然是随机获取，可一旦有心之人反复利用该方法，就能积少成多地获得大量私密数据。

可怕的是，该漏洞自首次被谷歌公司的安全人员发现，到被公布已有几个月的时间。也就是说，在这一期间甚至是在这之前，很可能有不法分子利用该漏洞，造访了所有 Cloudflare 提供服务的网站。而使用 Cloudflare 服务的互联网公司数量众多，其中不乏我们所熟知的 Uber、OkCupid、Fitbit 等。

随着业务不断上云，在云平台上的网络安全事件或威胁数量居高不下，本章主要讲述关于云计算安全的问题。

10.1　什么是云计算

云计算、大数据和人工智能三者之间相辅相成、不可分割。但非技术人员可能比较难理解这三者之间的相互关系，下面主要讲述云计算与它们的关系。

1. 云计算最初的目标

云计算最初的目标是实现对资源的管理，主要管理计算资源、网络资源、存储资源。云计算的本质如图 10.1 所示。

（1）计算资源、网络资源、存储资源

举例来说，如果我们要买一台笔记本计算机，是不是要关心这台笔记本计算机的 CPU 的性能？它的内存有多大？CPU 和内存就被称为计算资源。

要利用这台笔记本计算机上网，就需要找到一个可以插网线的网口，或者找到一个可以连接家中无线路由器的无线网卡，这就需要联系电信运营商（如中国电信、中国联通或中国移动）开通网络，然后会有安装师傅将一根网线从外面接到家里，安装师傅会将家中的路由器和运营商的网络连接配置好。这样我们家中的所有的计算机、手机、平板计算机就都可以通过路由器上网了。这里提到的网线、路由器等就是网络资源。

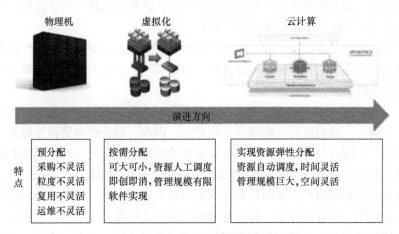

图 10.1 云计算的本质

我们可能还会关心笔记本计算机的硬盘存储空间多大？过去笔记本计算机的硬盘存储空间都很小，如 10GB；后来出现 500GB、1TB、2TB 存储空间的硬盘，这就是存储资源。

对于一个数据中心，也是同样的道理。想象我们有一个非常大的机房，里面有很多台服务器，这些服务器也有 CPU、内存、硬盘，也是通过类似路由器的设备上网。这时的问题是运营数据中心的人是怎么把这些设备统一管理起来的呢？

（2）资源管理的要求

管理的目标即要实现两个方面的灵活性，具体如下。

时间灵活性：资源随时可用。

空间灵活性：资源充足。

举个例子来理解，如果需要一个网络存储空间，如云盘，我们可以随时向云服务商（如百度网盘）申请任意大小的云空间。

（3）资源管理的发展

资源管理的空间灵活性和时间灵活性即我们常说的云计算的弹性。而弹性问题的解决，经历了以下 3 个发展阶段。

① 第一个阶段是物理设备阶段。这个阶段用户需要一台计算机，我们就买一台计算机放在数据中心里。

物理设备（如服务器）的内存动辄上百吉字节，网络设备一个端口的带宽就能有几十吉字节甚至上百吉字节，存储资源在数据中心至少是 PB 级别的。

然而物理设备不具有良好的灵活性。

首先它缺乏时间灵活性。不能实现"资源随时可用"。例如买一台服务器或计算机，都要有采购的时间。如果用户突然告诉某个云服务商，其想要租用一台计算机，使用物理服务器，云服务商不可能立即就能满足这个需求。

其次它缺乏空间灵活性。例如上述用户需要租用一台 1GB 内存和 80GB 硬盘的低配置计算机，但现在哪还有这么低配置的计算机？如果买一个配置高的，供需双方资源可能不匹配，从而造成浪费。

② 第二个阶段是虚拟化阶段。用户不是只租用一台很低配置的计算机吗？数据中心的物理设备都很强大，我们可以从物理设备的 CPU、内存、硬盘存储资源中虚拟出一小块资源来给一些用户，同时也可以虚拟出一小块资源给其他用户。每个用户只能看到自己的那一小块资源，其实每个用户用的是整个大的设备上的一小块资源。

虚拟化技术使不同用户申请的计算机资源看起来是独立的，即我所使用的存储资源好像是我在独立使用一套存储设备，你所使用的存储资源好像是你在独立使用另一套存储设备，但实际情况是我用的存储资源和你用的存储资源来自同一个存储设备。而且，如果事先准备好物理设备，虚拟化软件虚拟出一台计算机是非常快的，基本上只需几分钟。所以，要在任何一个云上创建一台计算机，几分钟就可以配置出来。这样空间灵活性和时间灵活性的问题就基本解决了。

③ 第三个阶段就是虚拟化的半自动和云计算的全自动阶段。虚拟化软件解决了灵活性问题这种说法其实并不全对。因为虚拟化软件一般创建一台虚拟的计算机是需要人工指定这台虚拟计算机放在哪台物理机上的。这一过程可能还需要比较复杂的人工配置。所以虚拟化软件所能管理的物理机的集群规模都不是特别大，一般为十几台、几十台，最多上百台。

一方面，这会影响时间灵活性，虽然虚拟出一台计算机的时间很短，但是随着集群规模的扩大，人工配置的过程越来越复杂、越来越耗时；另一方面，这也影响空间灵活性，当用户数量较多时，这样的集群规模还远达不到"资源充足"的程度，很可能这些资源很快就用完了。

所以随着集群规模的扩大，服务器数目也越来越多。这么多机器要依靠人去进行相应的配置和管理几乎是不可能的，还是需要机器去完成这个工作。

因此，人们发明了各种各样的算法去做这个事情，这些算法被叫作调度程序。通俗地说，就是建立一个调度中心，几千台机器都在一个池子里面，无论用户需要多少 CPU、内存、硬盘的虚拟计算机，调度中心都会自动在大池子里面找一个能够满足用户需求的地方，启动虚拟计算机并做好配置，计算机就可以使用了。这个过程我们称为池化或者云化。到了这个阶段，才可以称为云计算，在这之前都只能叫虚拟化，这个调度程序也被称为云管理平台。

随着云管理平台越来越成熟，平台可以管理的集群规模也越来越大，并且可以部署多个计算机集群。比如在北京部署一套、在杭州部署两套、在广州部署一套，然后进行统一的管理。这样整个规模就更大了。

到了这个阶段，云计算基本上实现了时间灵活性和空间灵活性；实现了计算资源、网络资源、存储资源的弹性。计算资源、网络资源、存储资源常被称为基础设施，因而这个阶段的弹性被称为资源层面的弹性。管理资源的云平台被称为基础设施服务，也就是 IaaS（基础设施即服务）。

2. 云计算不仅管资源，还要管应用

有了 IaaS，实现了资源层面的弹性就可以了吗？显然不是，还要实现应用层面的弹性。

如图 10.2 所示，比如要实现一个电商的应用，平时 10 台机器就够了，"双 11"期间则需要 100 台。你可能觉得这并不难，有了 IaaS，新创建 90 台机器就可以了。但这 90 台机器创建出来是空的，电商应用并没有放上去，只能通过公司的运维人员一台一台地安装需要花费很长时间。

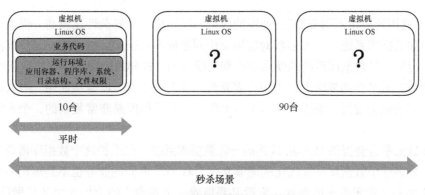

图 10.2　云计算不管理应用情况

虽然资源层面实现了弹性，但没有应用层面的弹性，灵活性依然是不够的。有没有方法解决这个问题呢？

人们在 IaaS 平台之上又加了一层，用于解决应用层的弹性问题，这一层通常被称为 PaaS（平台即服务）。这一层往往比较难理解，大致分两类，一类被称为"自己的应用自动安装"，另一类被称为"通用的应用不用安装"。

（1）"自己的应用自动安装"。比如电商应用是电商自己开发的，除了电商自己，其他人是不知道怎么安装的。电商应用安装时一般需要配置支付宝或者微信的账号，这样别人在你的电商应用上买东西时，付的钱才能打到你的账户里面。所以安装的过程平台帮不了忙，但可以帮助你实现自动化安装，你需要将自己的配置信息融入自动化的安装过程中。比如"双 11"期间新创建出来的 90 台机器是空的，如果能够提供一个工具，它能够自动

地在这些新创建出来的 90 台机器上将电商应用安装好，就能够实现应用层的真正弹性了。Puppet、Chef、Ansible、Cloud Foundry 等都可以实现，最新的容器技术 Docker 能更好地完成这项任务，如图 10.3 所示。

图 10.3　云计算可管理应用的情况

（2）"通用的应用不用安装"。通用的应用一般是指一些复杂性比较高，但大家都在用的应用，如数据库系统。绝大多数的应用会用到数据库系统，虽然它的安装和维护流程比较复杂，但同一种数据库系统的使用方法都是标准的。这样的应用可以转换成标准的 PaaS 层的应用放在云平台的界面上。当用户需要时，单击一下就可以直接使用。有人说，我自己也可以安装此类应用，不需要在云平台上购买。但数据库是非常复杂的，个人维护起来非常困难。

大多数云平台会提供 MySQL 这样的开源数据库系统。但维护这个数据库需要一个庞大的团队，要将这个数据库系统优化到能够支撑"双 11"期间的业务也不是短期内就能够实现的。比如一个售卖单车的企业，它没必要培养一个非常大的数据库团队来做这件事情，因为成本太高，只需交给专业的云平台服务商来做这件事情，专业的云平台服务商专门培养了几百人来维护这套系统。

应用要么是自动部署，要么是不用部署，总体来讲就是用户不必在应用层花太多心思。

虽然通过脚本能够解决应用部署问题，但部署的环境千差万别，一个脚本往往在一个环境中能正常运行，在另一个环境中可能就不能正常运行了。而容器技术能更好地解决这个问题，如图 10.4 所示。

容器相当于集装箱，因此，容器的思想就是要将应用软件交付变成像集装箱运输一样。集装箱有两个特点：一是封装；二是标准。

如图 10.5 所示，在没有集装箱的时代，假设将货物从 A 运到 B，中间要经过 3 个码头、换乘 3 次船。每次都要将货物从船上卸下，然后重新搬上另一条船摆好。因此在没有集装箱时，每次换船，船员们都要在岸上待几天才能走。

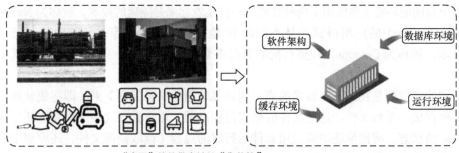

"容器"软件供应链的"集装箱"
- 集装箱：物流交付与运输的标准化，从生产到用户，产品交付变简单
- 容器：软件交付与迁移的标准化，从开发到上线，软件交付变简单

图 10.4　容器技术

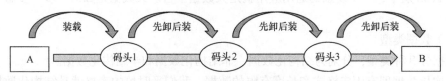

图 10.5　普通的货物运输流程

如图 10.6 所示，有了集装箱以后，所有的货物都打包在一起，并且集装箱的尺寸全部一致，所以每次换船时，将箱子整体搬过去就行了，几小时内就能完成这项工作。

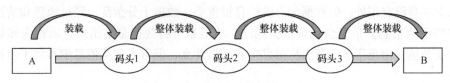

图 10.6　集装箱货物运输流程

以上是集装箱"封装""标准"两大特点在生活中的应用。

那么容器如何将应用打包呢？还是要用到集装箱。如图 10.7 所示，首先要有一个封闭的环境将货物封装起来，让货物之间互不干扰、互相隔离，这样装货、卸货才方便。Ubuntu 中的 LXC 技术（一种内核虚拟化技术）就能帮助我们实现这一点。

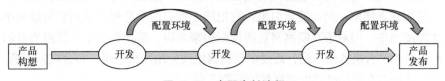

图 10.7　容器交付流程

这个封闭的环境主要使用了两种技术：一种是看起来是隔离的技术，被称为 Namespace，每个 Namespace 中的应用得到的是不同的 IP 地址、用户空间等；另一种是用起来是隔离的技术，被称为 Cgroups，即整台机器有很多 CPU、内存，而一个应用只能用其中的一部分。

所谓的镜像就是在焊好集装箱的那一刻将集装箱的状态保存下来，即将集装箱这一刻的状态保存成一系列文件。这些文件的格式是标准的，用户看到这些文件就能还原成当时镜像时刻的状态。将镜像还原成应用软件运行时的过程（读取镜像文件，还原那个时刻的过程）就是容器运行的过程。

有了容器，PaaS 层对于用户自身应用的自动部署变得更快速。

3. 大数据拥抱云计算

在 PaaS 层中，一个复杂的通用应用就是大数据平台。大数据是如何一步一步融入云计算的呢？

（1）数据类型

数据分 3 种类型，分别为结构化数据、非结构化数据和半结构化数据。

结构化数据即有固定格式和长度有限的数据。我们平时填的表格就是结构化数据，例如，"国籍：中国，民族：汉，性别：男……"。

非结构化数据就是不定长、无固定格式的数据。例如网页、语音、视频等。

半结构化数据是一些 XML 或者 HTML 格式的数据，行业外的人可能不了解。

数据本身没有用处，但数据包含的信息很重要。数据十分杂乱，经过梳理和清洗的数据才能够称为信息。信息会包含很多规律，从信息中将规律总结出来，就称为知识，而知识改变命运。信息很多，有人从信息中看不出什么，但有人就从信息中看到了电商的未来……

（2）数据处理的过程

当数据量很小时，很少的几台机器就能解决问题。当数据量越来越大，一个强大的服务器都解决不了问题时，怎么办呢？这时就需要聚合多台机器来处理。数据的处理分为以下几个步骤，如图 10.8 所示。

① 数据的收集。数据的收集有两种方式。第一种方式是推送，就物联网来讲，外面部署成千上万的检测设备，可以收集大量的温度、湿度、监控、电力等数据。第二种方式是"拿"，即抓取或者爬取，例如搜索引擎，它把网上所有的信息都下载到它的数据中心，你一搜索才能搜出来。而对于互联网网页的搜索引擎来讲，需要将整个互联网所有的网页都下载下来。显然一台机器做不到，需要多台机器组成网络爬虫系统，每台机器下载一部分，同时工作，才能在有限的时间内将海量的网页下载完毕。

② 数据的传输。一般会通过队列的方式进行数据传输，因为数据量很大，系统无法短

时间内处理完，只好将数据排好队，慢慢处理。在大数据时代，一个内存中的队列肯定会被大量的数据"挤爆"，于是就产生了基于硬盘的分布式队列，这样的队列可以通过多台机器同时传输，无论数据量多大，只要队列足够多，管道足够粗，就能够"撑得住"。数据的传输过程如图 10.9 所示。

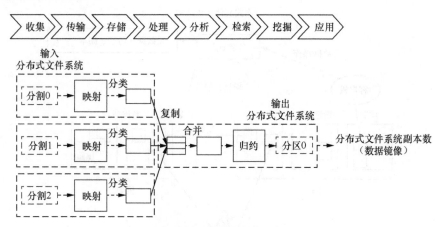

图 10.8　数据的处理过程

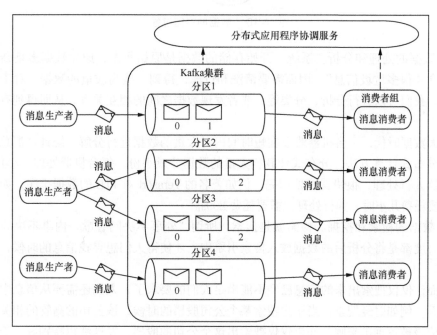

图 10.9　数据的传输过程

③ 数据的存储。在大数据时代，一台机器的文件系统无法存储大量的数据，所以需要一个很大的分布式文件系统来存储数据，多台机器的硬盘可以被打造成一个大的分布式文件系统，数据的存储过程如图10.10所示。

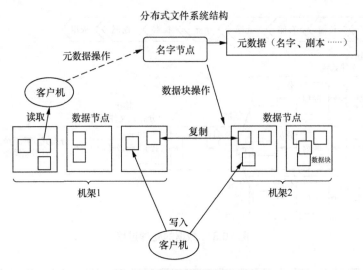

图 10.10　数据的存储过程

④ 数据的处理和分析。系统一开始存储的数据是原始数据，原始数据多是杂乱无章的，包含"很多垃圾信息"，因而需要清洗和过滤，得到一些高质量的数据。对于高质量的数据，我们可以进行分析、分类等，或者发现数据之间的相互关系，从而得到有价值的数据。

在大数据时代，一台机器难以在短时间内对大量的数据进行分解、统计、汇总，于是就有了分布式计算方法，分布式计算将大量的数据分成小份，每台机器处理一小份数据，多台机器并行处理，很快就能处理完。例如著名的 Terasort 对 1TB 的数据排序，如果单机处理，要耗费几小时，并行处理只需要耗费 209s。

⑤ 数据的检索和挖掘。检索就是搜索，所谓"外事不决问谷歌，内事不决问百度"。谷歌和百度都是将分析后的数据放入搜索引擎中，才使得人们想寻找信息的时候，一搜就可获取。

然而，仅仅搜索出来的信息已经不能满足人们的要求了，人们还需要从信息中挖掘出相互关系。例如财经搜索，当用户搜索某个公司股票的时候，该公司的高管的相关信息是不是也应该被挖掘出来呢？如果仅仅搜索出这个公司的股票，发现涨得特别好，于是你就去买了，但同时其高管发表了一个声明，对股票十分不利，股票第二天就跌了。所以通过各种算法挖掘数据中的关系形成知识库十分重要。

（3）大数据与云计算

大数据分析公司的财务情况可能需要一周分析一次，如果有 1000 台备用机器，一周用一次非常浪费。那么能不能在需要计算的时候使用这 1000 台机器，在不需要计算的时候，就让这 1000 台机器去处理其他的事情？

答案是可以的。云计算可以为大数据的运算提供资源层的灵活性。而云计算也会在它的 PaaS 平台上部署大数据平台。因为大数据平台能够使多台机器一起完成一件事。

现在公有云基本上都有大数据的解决方案，一个小公司需要大数据平台时，不需要采购 1000 台机器，通过公有云即可实现，并且上面已经部署好了大数据平台，只需把数据放进去即可。

云计算需要大数据，大数据需要云计算，二者就这样结合在一起。

4. 人工智能拥抱大数据

人工智能就是研究使计算机去做过去只有人才能做的智能工作。人工智能可以做的事情非常多，如可以鉴别垃圾邮件、鉴别黄色暴力文字和图片等。它也经历了 3 个阶段。

第一个阶段依赖于关键词黑白名单和过滤技术。随着网络语言越来越多，词也不断地变化，需要不断地更新这个词库。

第二个阶段基于一些新的算法，如贝叶斯过滤等，这是一个基于概率的算法。

第三个阶段就是基于大数据和人工智能进行更加精准的用户画像、文本理解和图像理解。

人工智能算法多依赖于大量的数据，这些数据往往需要面向某个特定的领域（如电商、邮箱）进行长期的积累，如果没有数据，就算有人工智能算法也无济于事，所以人工智能程序很少像 IaaS 和 PaaS 一样，可以给某个用户安装一套应用，让用户去用。因为如果用户没有相关的数据做训练，结果往往是不准确的。

但云计算厂商积累了大量数据，于是就在云计算厂商安装一套应用，暴露一个服务接口，如果想鉴别一个文本是不是涉及黄色和暴力，直接用这个在线服务即可。这种形式的服务，在云计算中被称为软件即服务（SaaS）。于是人工智能程序作为 SaaS 平台进入了云计算领域。

5. 基于三者关系的美好生活

云计算的"三兄弟"凑齐了，它们分别是 IaaS、PaaS 和 SaaS。一般一个云计算平台包含云、大数据、人工智能 3 个板块。一个大数据公司积累了大量的数据，会使用一些人工智能的算法提供一些服务；一个人工智能公司，也不可能没有大数据平台的支撑。

10.2　云计算安全扩展要求技术标准

云计算的发展同样也面临着安全问题，云计算安全需要从物理环境、通信网络、区域边界、计算环境、管理中心5个维度来考虑，云计算安全扩展要求技术标准如表10.1所示。

表 10.1　云计算安全扩展要求技术标准

项目	第一级安全要求	第二级安全要求	第三级安全要求	第四级安全要求
安全物理环境				
基础设施位置	应保证云计算基础设施位于我国境内	同第一级安全要求	同第一级安全要求	同第一级安全要求
安全通信网络				
网络架构	应确保云计算平台不承载高于其安全保护等级的业务应用系统；应实现不同云服务用户虚拟网络之间的隔离	在第一级安全要求的基础上增加：应具有根据云服务用户业务需求提供通信传输、边界防护、入侵防范等安全机制的能力	在第二级安全要求的基础上增加：应具有根据云服务用户业务需求自主设置安全策略的能力，包括定义访问路径、选择安全组件、配置安全策略；应提供开放接口或开放性安全服务，允许云服务用户接入第三方安全用品或在云计算平台选择第三方安全服务	在第三级安全要求的基础上增加：应提供对虚拟资源的主体和客体设置安全标记的能力，保证云服务用户可以依据安全标记和强制访问控制规则确定主体对客体的访问；应提供通信协议转换或通信协议隔离等的数据交换方式，保证云服务用户可以根据业务需求自主选择边界数据交换方式；应为第四级业务应用系统划分独立的资源池
安全区域边界				
访问控制	应在虚拟化网络边界部署访问控制机制，并设置访问控制规则	在第一级安全要求的基础上增加：应在不同等级的网络区域边界部署访问控制机制，设置访问控制规则	同第二级安全要求	同第二级安全要求

续表

项目	第一级安全要求	第二级安全要求	第三级安全要求	第四级安全要求
入侵防范	—	应能检测到云服务用户发起的网络攻击行为，并能记录攻击类型、攻击时间、攻击流量等； 应能检测到对虚拟网络节点的网络攻击行为，并能记录攻击类型、攻击时间、攻击流量等； 应能检测到虚拟机与宿主机、虚拟机与虚拟机之间的异常流量	同第二级安全要求	在第二级安全要求的基础上增加： 应在检测到网络攻击行为、异常流量情况时进行告警
安全审计	—	应对云服务商和云服务用户在远程管理时执行的特权命令进行审计，至少包括虚拟机删除、虚拟机重启； 应保证云服务商对云服务用户系统和数据的操作可被云服务用户审计	同第二级安全要求	同第二级安全要求
安全计算环境				
身份鉴别	—	—	当远程管理云计算平台中的设备时，管理终端和云计算平台之间应建立双向身份验证机制	同第三级安全要求
访问控制	应保证当虚拟机迁移时访问控制策略随其迁移； 应允许云服务用户设置不同虚拟机之间的访问控制策略	同第一级安全要求	同第一级安全要求	同第一级安全要求

续表

项目	第一级安全要求	第二级安全要求	第三级安全要求	第四级安全要求
入侵防范	—	—	应能检测虚拟机之间的资源隔离失效，并进行告警；应能检测非授权新建虚拟机或者重新启用虚拟机，并进行告警；应能够检测恶意代码感染及在虚拟机间蔓延的情况，并进行告警	同第三级安全要求
镜像和快照保护	—	应针对重要业务系统提供加固的操作系统镜像或操作系统安全加固服务；应提供虚拟机镜像、快照完整性校验功能，防止虚拟机镜像被恶意篡改	在第二级安全要求的基础上增加：应采取密码技术或其他技术手段防止虚拟机镜像、快照中可能存在的敏感资源被非法访问	同第三级安全要求
数据完整性和保密性	应确保云服务用户数据、用户个人信息等存储于我国境内，如需出境应遵循国家相关规定	在第一级安全要求的基础上增加：应确保只有在云服务用户授权下，云服务商或第三方才具有云服务用户数据的管理权限；应确保虚拟机迁移过程中重要数据的完整性，并在检测到完整性受到破坏时采取必要的恢复措施	在第二级安全要求的基础上调整和增加：应使用校验码或密码技术确保虚拟机迁移过程中重要数据的完整性，并在检测到完整性受到破坏时采取必要的恢复措施；应支持云服务用户部署密钥管理解决方案，保证云服务用户自行实现数据的加解密过程	同第三级安全要求
数据备份恢复	—	云服务用户应在本地保存其业务数据的备份；应提供查询云服务用户数据及备份存储位置的能力	在第二级安全要求的基础上增加：云服务商的云存储服务应保证云服务用户数据存储在若干个可用的副本，各副本之间的内容应保持一致；	同第三级安全要求

续表

项目	第一级安全要求	第二级安全要求	第三级安全要求	第四级安全要求
			应为云服务用户将业务系统及数据迁移到其他云计算平台和本地系统提供技术手段，并协助完成迁移过程	
剩余信息保护	—	应保证虚拟机所使用的内存和存储空间回收时得到完全清除；云服务用户删除业务应用数据时，云计算平台应确保云存储中所有副本被删除	同第二级安全要求	同第二级安全要求
安全管理中心				
集中管控	—	—	应能对物理资源和虚拟资源按照策略进行统一管理调度与分配；应保证云计算平台管理流量与云服务用户业务流量分离；应根据云服务商和云服务用户的职责划分、收集各自控制部分的审计数据并实现各自的集中审计；应根据云服务商和云服务用户的职责划分、实现各自控制部分，包括虚拟化网络、虚拟机、虚拟化安全设备等的运行状况的集中监测	同第三级安全要求

10.3　云计算平台安全设计框架

　　根据云计算安全扩展要求技术标准，云计算平台安全设计框架由安全管理体系与安全技术体系两部分组成，其中，安全管理体系包括人员与组织安全、安全策略开发、系统安全建设和系统安全运维 4 个部分。安全技术体系包括计算环境安全、区域边界安全、通信网络安全和安全管理中心 4 个部分。安全管理中心支持下的云计算平台安全设计框架如图 10.11 所示。

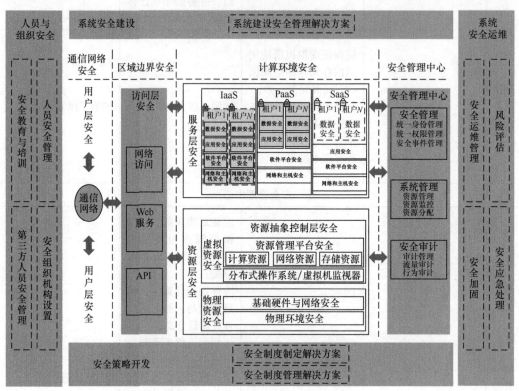

图 10.11　云计算平台安全设计框架

　　云计算平台中典型的安全区域包括云计算平台的区域边界、计算环境及安全管理中心，区域间或区域内的数据交互均由安全通信网络完成，而安全计算环境则由硬件设施层、资源层和服务层 3 个部分组成。

　　外部用户通过终端设备，采用互联网或专网等方式访问云计算平台的接入边界区域，实现对云计算平台中提供服务的相关业务系统的浏览访问或远程管理，访问或管理的内容及层次由用户所具备的权限决定。内部用户则通过安全管理中心对硬件设施层、资源层和服务层进行日常管控。

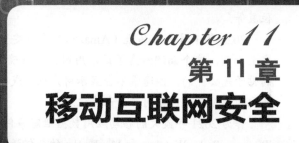

Chapter 11

第 11 章

移动互联网安全

随着移动通信技术的发展和智能手机的普及，互联网进入了移动互联网时代，中国互联网络信息中心发布的第 50 次《中国互联网络发展状况统计报告》显示，全国通过手机上网的网民数量已经达到全部网民数量的 99.6%。手机已经是我们日常生活中不可或缺的工具之一，通过手机我们可以完成摄影、购物、支付、股票交易、即时通信等。伴随着移动互联网的发展，移动互联网安全事件持续高速增长，移动互联网给我们带来便利的同时也带来了很大的安全风险。

2019 年，挪威一家安全公司披露了一个 Android 系统任务栈劫持漏洞，其被命名为 StrandHogg。在捷克，攻击者已利用该漏洞盗取多家银行客户的卡内余额。该漏洞使恶意应用程序有可能在伪装成合法应用程序的同时请求权限，包括 SMS（短消息业务）、照片、麦克风和 GPS 等，从而允许攻击者访问短信和通信录、查看相册、进行窃听和跟踪受害者位置等。

2021 年 1 月，亚马逊（Amazon）旗下安全摄像头 Ring 的应用 Neighbors 被曝出一个安全漏洞，这个漏洞泄露了该应用用户的准确位置和家庭地址。在正常情况下，虽然用户的帖子是公开的，但通常不会显示用户姓名或确切位置。被曝出的这个漏洞从 Ring 服务器获取隐藏数据，包括用户的家庭住址。

作为 2021 年最大的移动应用数据泄露事件之一，Apple iMessage 中的一个零日漏洞使 iPhone、iPad、Watches 和 MacBooks 的 9 亿活跃用户暴露于间谍软件威胁之下。

本章让我们走进移动互联网安全领域。

11.1 移动通信发展史

11.1.1 电话的发明

1871 年，意大利人安东尼奥·梅乌奇发明了 Teletrofono 电话系统，并花了 10 美元购买了需要每年更新的专利权。

梅乌奇虽然是一个伟大的发明家，但他缺乏商业意识。在发明电话两年之后，基于经济原因，他暂停了专利费的支付。而贝尔和他在一个实验室里工作过。于是贝尔和格雷，在梅乌奇不知情的情况下，带着他的关于电话的所有技术文档，相继去美国专利局申请了终身专利。后来贝尔又通过商业运作手段收购了格雷的一些内容，也另外收购了一些爱迪生的技术，成为电话技术的商业拥有者，并依靠这些资源成立了贝尔电话公司。

贝尔电话公司作为第一家公众电话服务公司，把电话这样一个当时的"贵族工具"逐步变成一个面向大规模公众服务的基础设施。其后，从贝尔电话公司分离出的 AT&T 构建了公用电话交换网（PSTN），并且成为延续至 20 世纪末的电话交换网络的基本形态。直至现在，AT&T 经历几次反垄断分拆，仍然是全球范围的通信巨头。

11.1.2 移动通信技术标准的演进

1. 0G——无线通信技术时代（20 世纪 50 年代）

PSTN 为有线通信网，其便捷性受到了限制。为摆脱 PSTN 的连接束缚，移动通信技术诞生。

早在 20 世纪 50 年代就有了移动通信技术，我们将其称为"第 0 代移动通信"，而不是第 1 代移动通信，是因为这个时代的移动通信技术只是固定电话的无线延伸。

这种拓展无线连接能力的需求最早来自汽车。随着美国工业和经济的快速发展，越来越多的人拥有了汽车，很多人希望在移动的汽车里也能如同在家里一样打电话，这种需求也成就了一代通信巨头——摩托罗拉公司。

摩托罗拉公司最早是一家做汽车收音机的厂商，在制造车载收音机的过程中，它积累了坚实的车载无线通信技术。因此，当车载通话的需求兴起时，摩托罗拉公司抓住了这一机遇，推出了车载移动电话产品，成为这个领域的领军企业。

美国伊利诺伊州采用摩托罗拉公司的产品，开通了当时世界上最大的无线通信系统，满足了人们在移动的汽车里打电话的需求。这种通信方式由于没有电话线的束缚，给人们带来了巨大的便利。

这个无线通信系统一共用了 64 个频率覆盖全城，而频率是独占性的，在某个地点，只能有一路通话使用该频率，其他用户只能选择不同的频率。因此，这个无线通信系统在其天线所覆盖的范围内最多只能允许 64 个用户打电话，而且人们在打电话的过程中一旦超出了天线的信号覆盖范围，通话就会中断，只能重新连接。通信不连续的问题和系统容量的问题被用户普遍抱怨。不过这也指明了当时移动通信技术发展的方向。

2. 1G——蜂窝移动通信技术时代（20 世纪 80 年代）

20 世纪 80 年代，摩托罗拉公司和 AT&T 公司旗下的贝尔实验室共同研发出蜂窝移动通信技术，该技术将一个天线所覆盖的通信区域分成若干个通信单元——扇区，相邻扇区之间采用不同的频率，相隔的扇区可以进行频率复用，扇区和扇区的连续覆盖构建了整个城市的网络覆盖，蜂窝通信的频率部署如图 11.1 所示。

不同扇区与移动终端的通信在基站控制器的指挥下平滑进行频率切换，用户就可以得到连续性的移动通信服务。由于采用了频率复用技术，用户不再独占一个频率，整个通信系统的用户容量得到了大幅度提升。

该系统还有一个重要的改变是移动电话开始有了自己的用户号码，它可以与固定电话以平等的身份加入 PSTN 中。移动通信业务也自此真正拉开序幕。这就是第 1 代移动通信系统。

虽然 1G 时代的移动通信服务解决了 0G 时代的两个主要问题，但是由于当时的单个蜂窝基站容量有限，这样每一个蜂窝基站建设成本均摊到每个用户身上就会非常高，用户使用 1G 移动通信服务的收费就会很高。如何使移动通信服务的价格更加便宜就成为当时移动通信技术最核心的演进动力，这促进了 2G 时代序幕的拉开。

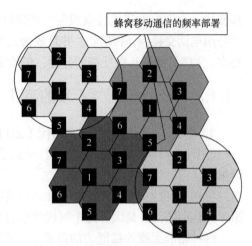

图 11.1　蜂窝移动通信的频率部署

3．2G——数字通信技术时代（20 世纪 90 年代）

在向第 2 代移动通信演进的过程中，为降低通信网络的成本，提升通信网络的容量，业内研发出两种代表性技术，即 TDMA（时分多址）技术和 CDMA（码分多址）技术。

TDMA 技术将每个信道按时间维度切分成若干时间片，给每个用户分配其中某一组时间片进行通信，单个载频可以同时进行多用户的通信，频道容量大大增加。当时流行的GSM（全球移动通信系统）就采用了 TDMA 技术。举例来说，假设有 A 和 B 两个人，A 在奇数时间片通信，B 在偶数时间片通信，如果采样第 1、3、5、7……时间片，我们就会听到 A 的通话，如果采样第 2、4、6、8……时间片，我们就会听到 B 的通话。虽然时间切片有间隔，但如果这样的时间切片到了毫秒级甚至微秒级，人的耳朵就无法分辨有间断，因此人们感受到的依旧是连续的通信。在现实情况中，信道不止被分为两个时间切片，而是被划分为多个时间切片，这样信道的容量就成倍提升，人均通信成本也就可以大幅降低。

CDMA 技术的基本原理是利用码序列相关性实现多址通信。该技术的基本思想是靠不同的地址码来区分地址。每个用户配有不同的地址码，用户所发射的载波（为同一载波）既受基带数字信号调制，又受地址码调制。接收时，只有确切知道其配给地址码的接收机，才能解调出相应的基带信号，而其他接收机因地址码不同，无法解调出信号。信道划分是根据码型结构不同来实现和识别的。举例说明，如一个房间里有 n 个人在说话，A 讲英语，B 讲汉语，C 讲法语……懂汉语的人能听懂汉语，懂英语的人能听懂英语。这样尽管大家在一个屋子里各说各的，但大家各自只关注自己的语言，自动滤除其他语言的影响，因此接收方和发送方就可以自由通信。

与 TDMA 相比，CDMA 技术的优势更明显。其系统容量大、通话质量高、没有频率干扰、频率规划更简单、建网成本更低。

4. 3G——宽频通信技术时代（21 世纪初）

随着互联网的兴起，电子邮件、即时通信等应用快速地在全世界普及，为方便人们更加便捷地使用这些应用，同时传送声音及数据信息的移动通信新需求出现，3G（第 3 代移动通信）技术孕育而生，3G 技术即支持高速数据传输的蜂窝移动通信技术。

3G 时代采用了 CDMA 技术演进，但欧洲、中国与北美都各有自己的 3G 标准，欧洲采用的是 WCDMA（宽带码分多址）技术标准，中国采用的是 TD-SCDMA（时分同步码分多路访问）技术标准，北美采用的是 cdma2000 技术标准。标准化组织也形成了分裂，欧洲建立了在 UMTS（通用移动通信业务）技术愿景之上的 3GPP 组织，美国建立了在 cdma2000 基础之上的 3GPP2 组织，中国也开始以自己的通信标准 TD-SCDMA 参与通信标准竞争。

5. 4G——通信技术标准大统一时代（21 世纪 10 年代）

随着视频直播、在线游戏、3D 导航等移动应用的出现，3G 的 2Mbit/s 左右的传输速度已无法满足时代的需求。100Mbit/s 以上的下载速度和最高可达 50Mbit/s 的上传速度的 4G 系统适时出现。

通信网络的目的就是要将人们连接起来，所以通信标准最终走向统一也是一种技术必然。4G 时代终结了欧洲 WCDMA 技术标准、美国 cdma2000 技术标准，以及中国 TD-SCDMA 技术标准的独立发展，最终形成了全球统一的 LTE（长期演进）技术标准。

虽然在技术实现上 LTE 主要有两种模式，即 LTE-FDD（频分双工）模式和 LTE-TDD（时分双工）模式，它们使用的频段也有所不同，但 90% 的核心技术内容是相同的，所以大部分设备和网络可以同时支持这两种模式。

LTE 采用了 OFDMA （正交频分多址）技术，在信道利用上基本达到了极致。2G 时代的 TDMA 技术，每个通信信道有自己的时间切片，但不同信道如有空闲的时间切片是不能被利用的。而 LTE 技术，所有通信信道的空闲时间切片可以统一规划，这极大地提高了频率资源的使用率、拓展了信道的容量，同时 4G 时代又采用了载波聚合技术，可以将 2 ~ 5 个载波聚合在一起，从而大大提升了信道的数据通信能力。

6. 5G——软件定义网络技术时代（21 世纪 20 年代）

物联网概念出现，并以远远高于移动互联网的增速形成了汹涌浪潮。如今移动网络的本质发生了根本变化，它不再仅仅满足人们的日常通信、娱乐、信息服务的需求，而是要满足各种设备之间的数据传输需求。网络因此从只满足单一的数据传输需求，演变为可以满足不同类型的广泛连接需求。网络能力的多特征极化也成为 5G 时代的显著需求，5G 时代的通信需求如图 11.2 所示。

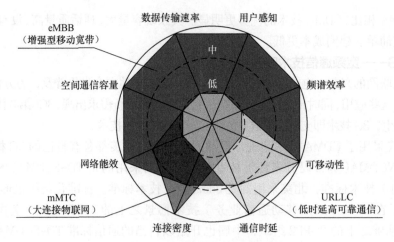

图 11.2　5G 时代的通信需求

为了满足 5G 通信网络对不同连接特征的需求，5G 网络采用了很多新的无线通信关键技术，其中最具代表性的就是波束赋形技术、大规模天线阵列技术，以及毫米波通信技术。

实际上这些技术也并非 5G 所独创，在 5G 之前的各种通信标准中就有类似技术的实现，但由于 ITU（国际电信联盟）的通信标准形成机制，5G 成为博采众长的集大成者。

关键技术 1：大规模天线阵列技术与波束赋形技术

如图 11.3 所示，大规模天线阵列是指一根天线有很多的天线头。每个天线头可以与移动设备进行独立的输入输出信号通信，这相当于为基站和终端之间建立了多个通道，天线头越多，通信信道就越多。在 5G 时代，一根天线可以拥有 256 个天线头，远远多于 4G 时代天线阵列的 16 个天线头，这就大大提升了单位网络面积能够支撑的移动终端容量。

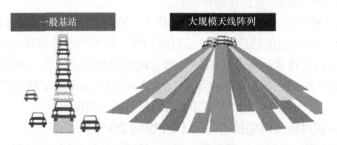

图 11.3　大规模天线阵列技术

建立在大规模天线阵列技术基础之上的波束赋形技术，可以使天线头的载波频率以极小的扇区夹角、几乎直线的方式对准通信终端，建立无线通信通道。可以想象，众多的天线头都对准各自终端设备同时进行通信。不仅如此，这些通道还可以聚合或者独占，根据不同的需求设置不同的通信带宽和可靠性优先级并得到不同的结果，如图 11.4 所示。

图 11.4　波束赋形技术

　　打个比方，假如一条公路上有非常多的车道，波束赋形技术可以将多个车道聚合形成一条非常宽阔的道路，也可以将每个车道再细分以支撑更多的车辆，还可以让某些车跑在固定的车道上增强其可靠性。这种灵活动态规划车道的能力，正如 5G 通信网络可以按照场景的需求，实现大规模通信设备连接、超稳定低时延连接或是超高带宽连接的能力。

　　关键技术 2：毫米波通信技术

　　对未来通信发展而言，毫米波通信技术是 5G 的核心所在，但毫米波产品目前在产品化方面表现得并不成熟。大多数初始 5G 网络建设瞄准的也是 Sub-6G 频段，而非 20GHz以上的毫米波频段，毫米波通信技术如图 11.5 所示。

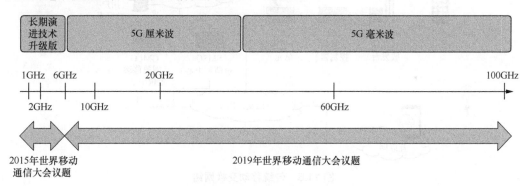

图 11.5　毫米波通信技术

　　毫米波指的是波长为 1 ~ 10mm，频率为 30 ~ 300GHz 的电磁波。毫米波有着明显的优点，具体如下。

　　（1）带宽极高，具有 200Gbit/s 以上高带宽的数据传输能力。

　　（2）波束极窄，1°~ 5°的波束宽度，测速及定位精度高。

　　（3）信道安全，毫米波散射性弱，通信安全性高。

（4）元器件小，通信设备更容易小型化。

毫米波也有难以避免的缺陷，具体如下。

（1）信号衰落快，受大气衰减和吸收影响，无法进行广域覆盖。

（2）信号穿透力低，难以穿透固体材料。

（3）元器件加工精度高，非常小的加工瑕疵都会对毫米波设备性能造成很大影响。

毫米波通信技术是实现5G网络超高带宽的基础条件，只有在毫米波的载频上才可能实现5G超高带宽的数据传输能力。而毫米波的缺陷也正是5G网络建设需要面临的问题。

关键技术3：软件定义网络（SDN）与网络功能虚拟化（NFV）

5G网络除了无线网络的变化，交换网络也发生了本质的变化。在移动网络从1G向4G演化过程中，交换网络从线路交换逐渐演变成数据包交换。线路交换的本质是建立一个固定连接的过程，通信双方的连接建立后，只要通信没有被终止，通信链路会一直存在，资源就一直被占用，传统移动交换网络如图11.6所示。

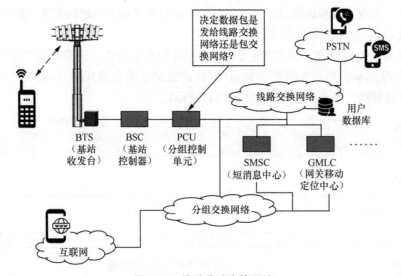

图11.6　传统移动交换网络

IP网络的出现引入了数据包交换技术，网络通信不再需要建立永久连接，这使网络的构建变得异常灵活，这种灵活性在4G时代已经体现在无线、传输、交换等移动网络的基础支撑架构上。这也是4G时代被称为全IP网络时代的原因。全IP通信网络如图11.7所示，全IP通信网络大幅降低了网络的复杂程度，网络建构和运维成本也随之降低。

5G网络建立于IP网络技术基础之上，同时引入了SDN技术，使网络更加敏捷和灵活。

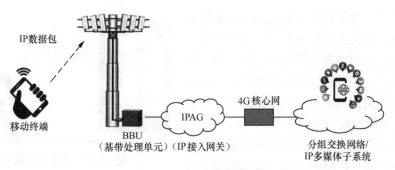

图 11.7　全 IP 通信网络

通信网络就好比现实生活中的交通道路，在 SDN 技术出现之前，一个数据包每经过一个路口就要向路由器"问路"（如图 11.8 所示）。但是，也可能会出现图 11.9 所示通路事故情形，即在车辆遇到前面道路突然发生事故时不得不停下来等故障排除，或车辆旁边明明有空闲道路却只能挤在拥挤的道路上，即道路车流量不均衡情形，如图 11.10 所示。

图 11.8　问路　　　　　　　　　　　　　　　图 11.9　道路事故

图 11.10　道路车流量不均衡

这都是由于每个路口的路由器无法知道下一路口发生什么，更不清楚路口之外的道路情况，也就是说，数据包一旦发出，其到达的时间和质量都是不可控的。

引入 SDN 技术的网络则完全不同，它可以根据各个路口情况实时、动态地规划数据包的转发节点，这不仅极大地提高了网络资源的使用效率，还大大降低了网络的维护成本。

SDN 技术应用在通信网络中就好比导航软件规划路线，完全不需要问路，如图 11.11 所示，导航软件根据道路情况为我们规划路线，告诉我们什么时候该向哪个方向转弯……

图 11.11　导航软件规划路线

随着云计算技术的发展和网络设备功能的简化，人们又提出了 NFV（网络功能虚拟化）的概念。该技术不仅使网络本身可以被灵活定义，连网络功能也可以被灵活定义。想象有一条这样的道路，当我们的车辆快没油时，前方就会出现加油站；当我们累了，前面就会出现休息区，而且这些基础设施会因为需求的多少而适时出现。这就是 NFV 给网络带来的灵活性。

另外，NFV 使原来各种各样的网络设备可以工作在相同的软件平台上，通过软件形成网络功能。这大大降低了网络的构建和运维成本，更重要的是网络性质也因此发生了巨大变化，原来线路纠缠的电信网络开始转变为敏捷、解耦的 IT 平台。也正是这些技术的灵活性，为 5G 应用奠定了坚实的基础。

11.1.3　未来的通信

通信的目的是更好、更多、更快地传输信息，从 1G 到 5G 的发展过程遵从于通信的基本定律——香农定律。人类未来如果想做更好的通信，必须实现更高的带宽、更高的频率。例如，可见光通信技术支持 Li-Fi（可见光无线通信）作为 Wi-Fi 的演进替代，Wi-Fi 速度与 Li-Fi 速度就好比蜗牛爬行的速度与猎豹奔跑的速度。

除了把通信载频提到更高，目前人们对于 6G 的想象也只是提出了太赫兹（THz）通信理念。太赫兹通信将会面临比毫米波通信更大的技术挑战，也会对网络部署提出新的要求。

在香农定律所指明的发展路径之外，还有一种方式就是要设法提高单位信息量的密度。目前的量子计算和量子通信正指向这一方向。一个量子比特所含有的信息远远大于一个普通比特含有的信息，而且字节越多差距越大，因此传输这样一个量子比特可在数量级上提升通信能力。

1GB 的数据用 33 个量子比特就可以存储。目前的量子比特还不能被自由计算，因此，量子通信也仅仅停留在对于固有传输信息的加密上，并不能改变通信的速度。和以往任何一场技术革命一样，在这场技术革命中量子计算也必将被人类完全掌控。不过，这个过程的难度将远远超出以往通信技术标准迭代的难度。5G 到 6G 将会经历比 4G 到 5G 更加漫长的时间。

11.2 移动互联安全扩展要求技术标准

从 0G 到 5G，从有线到无线，网络通信的方式发生了巨大的变化，为适应无线网络通信的发展，网络安全等级保护相关标准也对移动互联网安全提出了要求，移动互联安全扩展要求技术标准如表 11.1 所示。

表 **11.1** 移动互联安全扩展要求技术标准

项目	第一级安全要求	第二级安全要求	第三级安全要求	第四级安全要求
安全物理环境				
无线接入点的物理位置	应为无线接入设备的安装选择合理位置，避免过度覆盖和电磁干扰	同第一级安全要求	同第一级安全要求	同第一级安全要求
安全区域边界				
边界防护	应保证有线网络与无线网络边界之间的访问和数据流通过无线接入安全网关设备	同第一级安全要求	同第一级安全要求	同第一级安全要求
访问控制	无线接入设备应开启接入认证功能，并且禁止使用 WEP（有线等效保密）方式进行认证，如果使用口令，则长度不小于 8 位字符	同第一级安全要求	无线接入设备应开启接入认证功能，并支持采用认证服务器认证或国家密码管理机构批准的密码模块进行认证	同第三级安全要求
入侵防范	—	应能够检测到非授权无线接入设备和非授权移动终端的接入行为；	在第二级安全要求的基础上增加：应能够阻断非授权无线接入设备或非授权移动终端	同第三级安全要求

项目	第一级安全要求	第二级安全要求	第三级安全要求	第四级安全要求
		应能够检测到针对无线接入设备的网络扫描、DDoS 攻击、密钥破解、中间人攻击和欺骗攻击等行为；应能够检测到无线接入设备的 SSID（服务集标识符）广播、WPS（Wi-Fi 保护设置）等高风险功能的开启状态；应禁用无线接入设备和无线接入网关存在风险的功能，如 SSID 广播、WEP 认证等；应禁止多个 AP（无线接入点）使用同一个认证密钥		
安全计算环境				
移动终端管控	—	—	应保证移动终端安装、注册并运行终端管理客户端软件；移动终端应接受移动终端管理服务端的设备生命周期管理、设备远程控制服务，如远程锁定、远程擦除等	在第三级安全要求的基础上增加：应保证移动终端只用于处理指定业务
移动应用管控	应具有选择应用软件安装、运行的功能	在第一级安全要求的基础上增加：应只允许可靠证书签名的应用软件安装和运行	在第二级安全要求的基础上增加：应具有软件白名单功能，能根据白名单控制应用软件的安装、运行	在第三级安全要求的基础上增加：应具有接受移动终端管理服务端推送的移动应用软件管理策略，并根据该策略对软件实施管控

11.3　移动互联系统安全防护框架

移动互联系统安全防护框架如图 11.12 所示，其中移动互联系统安全计算环境由核心业务域、DMZ 域和远程接入域 3 个安全域组成，移动互联系统安全区域边界由移动终端区域边界、传统计算终端区域边界、核心服务器区域边界、DMZ 域边界组成，移动互联系统安全通信网络由移动运营商或用户自己搭建的无线网络组成。

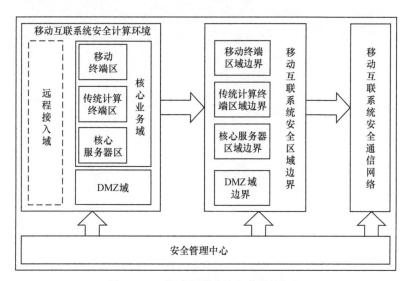

图 11.12　移动互联系统安全防护框架

1. 核心业务域

核心业务域是移动互联系统的核心区域，该区域由移动终端区、传统计算终端区和核心服务器区构成，完成对移动互联业务的处理、维护等。核心业务域应重点保障该域内服务器、计算终端和移动终端的操作系统安全、应用安全、网络通信安全、设备接入安全。

2. DMZ 域

DMZ 域是移动互联系统的对外服务区域，部署对外服务的服务器及应用，如 Web 服务器、数据库服务器等，该区域和互联网相联，来自互联网的访问请求应经过该区域中转才能访问核心业务域。DMZ 域应重点保障服务器操作系统和应用安全。

3. 远程接入域

远程接入域由移动互联系统运营使用单位通过 VPN 等技术手段远程接入其网络的移动终端组成，实现远程办公、应用系统管控等业务。远程接入域应重点保障远程移动终端的自身运行安全、接入移动互联网的应用系统安全和通信网络安全。

在设计标准中，移动互联系统中的计算节点被分为两类，即移动计算节点和传统计算节点。移动计算节点主要包括远程接入域和核心业务域中的移动终端；传统计算节点主要包括核心业务域中的传统计算终端和服务器等，传统计算节点及其边界安全设计可参考通用安全设计要求。

Chapter 12
第 12 章
物联网安全

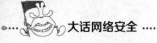

2016年年底，美国发生大规模断网事件，成为物联网安全标志性事件。据报道，超过百万台物联网设备组成的僵尸网络对美国域名服务提供商Dyn发起了DDoS攻击，导致多家知名网站无法被访问，包括Twitter、PayPal、Spotify。

更为致命的是，Mirai病毒的源代码在2016年9月的时候被开发者公布，致使大量黑客对这个病毒进行了升级，传染性、危害性比前代更高。Mirai病毒是通过互联网搜索物联网设备的一种病毒，当它扫描到一个物联网设备（如网络摄像头、智能开关等）后，就尝试使用默认密码（一般为admin，Mirai病毒自带60个通用密码）进行登录，一旦登录成功，这台物联网设备就进入黑客的"肉鸡"名单，开始被黑客操控攻击其他网络设备。

在万物互联的时代，全球物联网业务迅猛发展，而我国又处于引领地位。近两年，网络和数据环节的安全事件发生率持续增长，特别是基于物联网的攻击越来越频繁，物联网的安全性已引发社会广泛关注。中国工程院院士倪光南说："物联网作为网络信息技术的重要领域，任何时候都不能忽视安全问题。尤其是在物联网技术普遍被应用后，各种不同的设备连接到网络，一旦出现问题，后果不堪设想，这对物联网安全提出了更高要求。"

12.1　物联网时代即将来临

网络的终极目标还是万物互联。

最近几年，物联网的概念非常火爆，和物联网相关的技术，如NB-IoT、LoRa、eMTC等频繁出现。其实，"物联网"并不是一个新词，20年前就有。而且，"物联网很重要""物联网一定会火""物联网一定能改变世界"……这样的言论，被翻来覆去说了很多年。

从人类文明诞生之日起，就有了通信。从烽火台到驿站，再到无线电报、固定电话、手机，这都是通信技术发展的标志。

几十年以来，通信技术的主要奋斗目标就是把每一个人都连接起来。现在，至少我们国家基本上做到了"人均一部手机"，有的人甚至有几部手机。可以说，"把每一个人都连接起来"的目标已经基本实现。接下来，通信技术的发展会就此停止吗？

这显然不会。虽然实现了空前紧密的人的连接，但还远远没有实现世界的连接。是的，这个世界，除了"人"，还有"物"。这个"物"，既包括动物，也包括植物，还有所有没有生命的物体。

人与人连接的目的是信息传递，如情感沟通、资讯分享、社交连接。

物为什么要连接呢？

因为人类需要更好地生存，更有效率地生产，而生产离不开工具。从木棒石块开始，到青铜钢铁、蒸汽机，再到计算机。我们使用的工具越来越多、越来越先进。以前，没有先进的工具和技术，一个人的能力非常有限。今天，在先进工具和技术的帮助下，一个人的能量和效率能得到极大的提升。

　　通信工具也是工具，借助强大的通信网络，可以无限扩大人类的控制边界。人类能控制的已经不再是身边的物体，而是遥远的物体、庞大的系统，如一个城市级的系统，甚至是一个国家级的系统。

　　物联网，就是这样的工具，帮助我们连接和控制万物。

　　设想一下，如果可以控制能想到的任何物体，我们会做些什么？可以远程集中管理公共基础设施，如所有的洒水喷头，这样能大大降低成本、提升效率；还可以设计研发智能耳钉，只要让女士戴上便可监控身体健康的各项指标；甚至可以开一个无人船运公司，随时随地为用户提供远洋物流服务……

　　只有想不到的，没有做不到的。物联网打开了一个全新的世界！

　　当今世界上的人口加在一起，有 70 多亿。那么，世界上的物体呢？加起来有多少？世界上有多少路灯，有多少个摄像头，有多少辆汽车？世界上有多少只野生动物……

　　这是多么庞大的体量？！物联网的连接数将达到人类连接数的成百上千倍！有场景，就有需求；有需求，就有市场；有市场，就有利润。这就是物联网蕴藏的巨大价值和潜力。

　　早在二三十年前，人们就在谈论物联网，一直在宣扬它的价值，但是，它为什么没有被普及应用呢？不是因为需求不足，也不是因为资金不够，而是因为技术尚未成熟。

　　过去，我们所说的物联网，是基于无线局域网（WLAN）技术的物联网。物联网终端接入的是无线控制，就和计算机一样。Wi-Fi 物联网虽然方便，但是非常耗电。例如，门窗传感器，不到一周就需要更换电池。所以慢慢有了 Zigbee（紫蜂，一种低速短距离传输的无线网上协议），有了蓝牙。但是，它们的功耗依然很高，电池依然不够用，而且传送距离太短。例如蓝牙，房子稍微大一点，就可能出现没有信号、连接中断的问题。

　　而 WLAN 物联网，家庭使用需求都无法满足，更别说工业应用场景。放牧牲畜时，总不能只在 50m² 范围之内放吧？监控井盖时，总不能每个井盖边上都放一个 Wi-Fi 路由器吧？监控水表、电表时，总不能三天两头去更换电池吧？所以，WLAN 物联网一直未能被市场所接受。

　　现在，以 NB-IoT、LoRa 为代表的 LPWAN（低功耗广域网）物联网技术崛起。LPWAN 物联网技术彻底解决了 WLAN 物联网的问题。

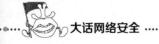

以 NB-IoT 为例，它的优点如下。

（1）广覆盖：增益高，覆盖面积大，信号质量好。

（2）低功耗：一块电池用 10 年，摆脱了对电源和电线的依赖，实现彻底的无"线"。

（3）大连接：支持海量的终端，可以同时接入数万个点。

（4）低成本：每个通信模块只花费几十块钱（将来甚至可能只花费几块钱）。

目前，像 NB-IoT 这样的技术，既拥有良好的性能参数，又拥有市场可以接受的低成本，已经具备了成熟应用的条件。所以说，现在的物联网才是真正的物联网。物联网爆发的时代，万物互联的时代，真的到来了。

 ## 12.2 物联网安全扩展要求技术标准

物联网的出现必然要有相应的安全措施，物联网安全扩展要求技术标准如表 12.1 所示。

表 12.1 物联网安全扩展要求技术标准

项目	第一级安全要求	第二级安全要求	第三级安全要求	第四级安全要求
安全物理环境				
感知节点设备物理防护	感知节点设备所处的物理环境应不对感知节点设备造成物理破坏，如挤压、强振动；感知节点设备在工作状态所处物理环境应能正确反映环境状态（如温湿度传感器不能安装在阳光直射区域）	同第一级安全要求	在第一级安全要求的基础上增加：感知节点设备在工作状态所处物理环境应不对感知节点设备的正常工作造成影响，如强干扰、阻挡屏蔽等；关键感知节点设备应具有可供长时间工作的电力供应（关键网关节点设备应具有持久的、稳定的电力供应能力）	同第三级安全要求
安全区域边界				
接入控制	应保证只有授权的感知节点可以接入	同第一级安全要求	同第一级安全要求	同第三级安全要求

续表

项目	第一级安全要求	第二级安全要求	第三级安全要求	第四级安全要求
入侵防范	—	应能够限制与感知节点通信的目标地址，以避免对陌生地址的攻击； 应能够限制与网关节点通信的目标地址，以避免对陌生地址的攻击	同第二级安全要求	同第三级安全要求
安全计算环境				
感知节点设备安全	—	—	应保证只有授权的用户可以对感知节点设备上的软件应用进行配置或变更； 应具有对其连接的网关节点设备（包括读卡器）进行身份标识和鉴别的能力； 应具有对其连接的其他感知节点设备（包括路由节点）进行身份标识和鉴别的能力	同第三级安全要求
网关节点设备安全	—	—	应具备对合法连接设备（包括终端节点、路由节点、数据处理中心）进行标识和鉴别的能力； 应具备过滤非法节点和伪造节点所发送的数据的能力； 授权用户应能够在设备使用过程中对关键密钥进行在线更新； 授权用户应能够在设备使用过程中对关键配置参数进行在线更新	同第三级安全要求

续表

项目	第一级安全要求	第二级安全要求	第三级安全要求	第四级安全要求
抗数据重放	—	—	应能够鉴别数据的新鲜性，避免历史数据的重放攻击； 应能够鉴别历史数据的非法修改，避免数据的修改重放攻击	同第三级安全要求
数据融合处理	—	—	应对来自传感网的数据进行数据融合处理，使不同种类的数据可以在同一个平台被使用	在第三级安全要求基础上调整： 应对不同数据之间的依赖关系和制约关系等进行智能处理，如一类数据达到某个门限时可以影响对另一类数据采集终端的管理指令

12.3 物联网系统安全防护框架

结合物联网系统的特点，我们需要构建在安全管理中心支持下的安全计算环境、安全区域边界、安全通信网络三重防御体系。安全管理中心支持下的物联网系统安全保护设计框架如图12.1所示，物联网感知层和应用层都由完成计算任务的安全计算环境和连接安全网络通信的安全区域边界组成。

1. 安全计算环境

安全计算环境包括物联网系统感知层和应用层中对定级系统的信息进行存储、处理及实施安全策略的相关部件，如感知层中的物体对象、计算节点、传感控制设备，以及应用层中的计算资源及应用服务等。

2. 安全区域边界

安全区域边界包括物联网系统安全计算环境边界，以及安全计算环境与安全通信网络之间实现连接并实施安全策略的相关部件，如感知层和网络层之间的边界、网络层和应用层之间的边界等。

3. 安全通信网络

安全通信网络包括物联网系统安全计算环境和安全区域之间进行信息传输及实施安全

策略的相关部件，如网络层的通信网络及感知层内部安全计算环境之间的通信网络等。

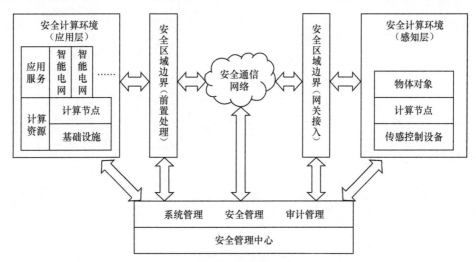

图 12.1　物联网系统安全保护设计框架

4. 安全管理中心

安全管理中心包括对物联网系统的安全策略及安全计算环境、安全区域边界和安全通信网络上的安全机制实施统一管理的平台，具有系统管理、安全管理和审计管理功能，只有第二级及第二级以上的安全保护环境才需要设置安全管理中心。

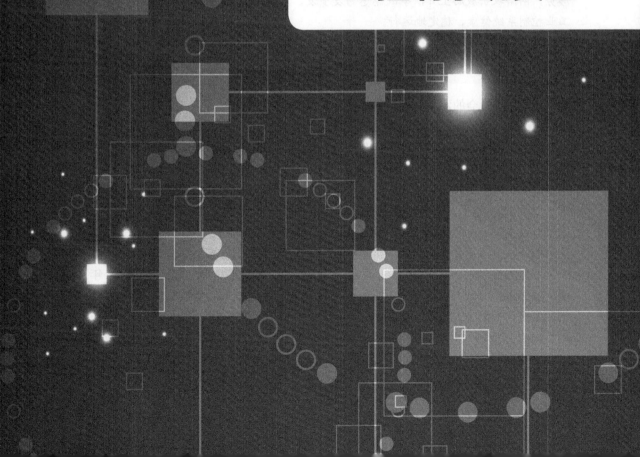

Chapter 13
第 13 章

工业控制系统安全

2021年2月初，黑客入侵了美国佛罗里达州奥尔德斯马市的市政水处理系统，试图将氢氧化钠（NaOH）的浓度提高到极其危险的水平。氢氧化钠常见于家用清洁剂中，一旦发生高浓度摄入很容易引发危险。但只要浓度较低，氢氧化钠又能帮助水处理设施快速调节供水的pH并去除重金属。由于该市政系统内部人员共享密码和其他不良的安全做法，黑客很容易获得水处理系统的访问权限并开始进行未经授权的更改。入侵者在系统内只用了3～5min，就将氢氧化钠含量从1/10000更改为111/10000。幸运的是，工作人员注意到鼠标在屏幕上（自行）移动，立即介入干预，阻止了上述危险操作，避免了一场灾难的发生。

2021年5月7日，美国最大的燃油运输管道运营商——科洛尼尔管道运输（ColonialPipeline）公司被迫暂停输送业务，对美国东海岸燃油供应造成了严重影响。次日，美国联邦汽车运输安全管理局因此宣布多个州进入紧急状态。为了预防事态进一步扩大，科洛尼尔管道运输公司主动将关键系统脱机，以避免勒索软件的感染范围持续蔓延，并聘请了第三方安全公司进行调查。

随着工业技术和通信与信息技术的不断发展，工业控制系统逐步融入互联网中，国家关键基础设施的建设也离不开工业控制系统，如上述案例中的水处理系统、燃油运输系统等大量采用了工业控制系统。国家关键基础设施中工业控制系统网络安全面临严峻的国际形势，网络攻击威胁上升，事故隐患易发多发。只有做到居安思危、未雨绸缪，才能保证工业控制系统健康、稳定地运行。

13.1　工业发展简史

现代人类社会的发展离不开四次工业革命，这里我们先来了解近代工业发展史。

1. 第一次工业革命（18世纪60年代）

18世纪后，英国资产阶级积极发展海外贸易，积累了丰富的资本，扩展了广阔的海外市场和廉价的原料产地，并通过殖民统治获得了大量的廉价劳动力，发展了工场手工业。在这个过程中积累了丰富的生产技术知识，增加了产量，但还是无法满足不断扩大的市场需要。

18世纪60年代，英国的机器生产开始取代工场手工业，最终生产力得到突飞猛进的发展，人类历史上把这一过程称为"工业革命"，也称之为第一次工业革命，它是技术发展史上的一次巨大革命，开创了以机器代替手工劳动的时代。这不仅是一次技术改革，更是一场深刻的社会变革。第一次工业革命是从工作机的诞生开始的，尤其是以1765年瓦特发明的蒸汽机作为动力机被广泛使用为重要标志的。这一次技术革命和与之相关的社会关系的变革被称为第一次工业革命或者产业革命。

1840年前后，英国的机器生产基本上取代了传统的手工业生产，标志着工业革命基本完成。英国成为世界上第一个工业国家。第一次工业革命开创的"蒸汽时代"，极大地提高了生产力，巩固了资本主义的统治地位，同时工业革命还促进了近代城市化的兴起，标志着农耕文明向工业文明的过渡，这是人类发展史上的一个伟大奇迹。

2. 第二次工业革命（19 世纪 60 年代后期）

1866 年，德国西门子公司创造了发电机；到 19 世纪 70 年代，实际可用的发电机问世。由此电器开始用于代替机器，成为补充和取代以蒸汽机为动力的新工具。随后，电灯、电车、电影放映机相继问世，人类进入了"电气时代"，第二次工业革命拉开序幕。

在第二次工业革命中，内燃机的发明和使用是另一项重大成就，内燃机的发明解决了交通工具的发动机问题。19 世纪 80 年代，德国人卡尔·弗里特立奇·本茨等成功地制造出由内燃机驱动的汽车，内燃汽车、远洋轮船、飞机等也得到了迅速发展，内燃机的发明和应用也推动了石油工业的迅猛发展。

通信技术在第二次工业革命中也得到了高速发展。19 世纪 70 年代，电话被发明出来，到 19 世纪 90 年代意大利人马可尼试验无线电报取得了成功，世界各国的经济、政治和文化联系进一步加强。

第二次工业革命使电力、钢铁、铁路、化工、汽车等重工业兴起，石油成为新能源，并促使交通的迅速发展，交通更加便利快捷，改变了人们的生活方式，扩大了人们的活动范围，加强了人与人之间的交流。

3. 第三次工业革命（20 世纪 40 年代和 50 年代）

20 世纪 40 年代和 50 年代，工业领域开始了新科学技术革命，以原子能技术、航天技术、电子计算机技术的应用为代表，还包括人工合成材料、分子生物学和遗传工程等高新技术。这次科技革命被称为"第三次工业革命"，也被称为"第三次科技革命"。

空间技术的利用和发展是这次技术革命的一大成果。1957 年，苏联发射了世界上第一颗人造地球卫星，而美国在 1969 年实现了人类登月的梦想。

在原子能技术的利用和发展方面，1945 年，美国第一颗原子弹试爆成功；1954 年 6 月，苏联建成第一座原子能发电站；1957 年，苏联第一艘核动力破冰船下水。

电子计算机技术的利用和发展是另一项重大突破。20 世纪 40 年代后期，电子管计算机成为第一代计算机。1959 年，出现晶体管计算机，运算速度在每秒 100 万次以上。20 世纪 60 年代中期，集成电路计算机面世，每秒运算达千万次，它可以满足一般数据处理和工业控制的需要。20 世纪 70 年代出现了第四代大规模集成电路计算机，1978 年的计算机每秒可运算 1.5 亿次。20 世纪 90 年代出现光子计算机、生物计算机等。大体上每隔 5 ～ 8 年，运算速度提高 10 倍，体积缩小 1/10，成本降低 1/10。

电子计算机的广泛应用促进了生产自动化、管理现代化和科技手段现代化。以全球互联网络为标志的信息高速公路正在缩短人类交往的距离。同时，信息论、系统论和控制论的发展也是这次技术革命的结晶。工业控制系统从此和计算机、通信网络走向融合。

4. 第四次工业革命（21世纪10年代开始）

前三次工业革命使人类发展进入了空前繁荣的时代，而与此同时，也造成了巨大的能源、资源消耗，付出了巨大的环境代价、生态成本，并且急剧地扩大了人与自然之间的矛盾。尤其是进入21世纪，人类面临空前的全球能源与资源危机、全球生态与环境危机、全球气候变化危机的多重挑战，由此引发了第四次工业革命——绿色工业革命，它于2013年在德国汉诺威工业博览会上正式被提出。这次革命将是以人工智能、新材料技术、分子工程、石墨烯、虚拟现实、量子信息技术、可控核聚变、清洁能源及生物技术等为技术突破口的工业革命。

第四次工业革命的核心是从工业自动化向工业智能化发展，未来将会是云计算、大数据、物联网、人工智能等一系列新技术的天下。

从以上内容可以看出，第三次工业革命开始，很多国计民生的基础设施的工业控制系统将不再独立于互联网体系之外，因此，我们必须把工业控制系统纳入网络安全保护体系范围。

13.2 工业控制系统安全扩展要求技术标准

随着工业互联网的蓬勃发展，相应的网络安全手段也需同步，工业控制系统安全扩展要求技术标准如表13.1所示。

表 13.1 工业控制系统安全扩展要求技术标准

项目	第一级安全要求	第二级安全要求	第三级安全要求	第四级安全要求
安全物理环境				
室外控制设备物理防护	室外控制设备应放置于采用铁板或其他绝缘材料制作的箱体或装置中并紧固，箱体或装置具有透风、散热、防盗、防雨和防火能力；室外控制设备放置应远离强电磁干扰、强热源等环境，如无法避免，应及时做好应急处置及检修，保证设备正常运行	同第一级安全要求	同第一级安全要求	同第一级安全要求

续表

项目	第一级安全要求	第二级安全要求	第三级安全要求	第四级安全要求
安全通信网络				
网络架构	工业控制系统与企业其他系统之间应划分为两个区域，区域间应采用技术隔离手段；工业控制系统内部应根据业务特点划分为不同的安全域，安全域之间应采用技术隔离手段	在第一级安全要求的基础上增加：涉及实时控制和数据传输的工业控制系统，应使用独立的网络设备组网，在物理层面上实现与其他数据网及外部公共信息网的安全隔离	在第二级安全要求的基础上调整：工业控制系统与企业其他系统之间应划分为两个区域，区域间应采用单向的技术隔离手段	在第三级安全要求的基础上调整：工业控制系统与企业其他系统之间应划分为两个区域，区域间应采用符合国家或行业规定的专用产品，实现单向安全隔离
通信传输	—	工业控制系统内使用广域网进行控制指令或相关数据交换的应采用加密认证技术手段实现身份认证、访问控制和数据加密传输	同第二级安全要求	同第二级安全要求
安全区域边界				
访问控制	应在工业控制系统与企业其他系统之间部署访问控制设备，配置访问控制策略，禁止任何穿越区域边界的 email、Web、Telnet、Rlogin、FTP 等通用网络服务	在第一级安全要求的基础上增加：应在工业控制系统内安全域和安全域之间的边界防护机制失效时及时进行报警	同第二级安全要求	同第二级安全要求
拨号使用控制	—	工业控制系统确需使用拨号访问服务的，应限制具有拨号访问权限的用户数量，并采取用户身份鉴别和访问控制等措施	在第二级安全要求的基础上增加：拨号服务器和客户端均应使用经安全加固的操作系统，并采取数字证书认证、传输加密和访问控制等措施	在第三级安全要求的基础上增加：涉及实时控制和数据传输的工业控制系统禁止使用拨号访问服务

续表

项目	第一级安全要求	第二级安全要求	第三级安全要求	第四级安全要求
无线使用控制	应为所有参与无线通信的用户（人员、软件进程或者设备）提供唯一性标识和鉴别；应对无线连接的授权、监视及执行进行限制	在第一级安全要求的基础上增加：应对所有参与无线通信的用户（人员、软件进程或者设备）授权及执行进行限制	在第二级安全要求的基础上增加：应对无线通信采取传输加密的安全措施，实现传输报文的机密性保护；采用无线通信技术进行控制的工业控制系统应能识别其物理环境中发射的未经授权的无线设备，报告未经授权试图接入或干扰控制系统行为	同第三级安全要求
安全计算环境				
控制设备安全	控制设备自身应实现相应级别安全通用要求提出的身份鉴别、访问控制和安全审计等设备和计算方面的安全要求，如受条件限制控制设备无法实现上述要求，应由其上位控制或管理设备实现同等功能或通过管理手段控制；应在经过充分测试评估后，在不影响系统安全稳定运行的情况下对控制设备进行补丁更新、固件更新等工作	同第一级安全要求	在第一级安全要求的基础上增加：应关闭或拆除控制设备的软盘驱动、光盘驱动、USB接口、串行口等，确需保留的必须通过相关的技术措施实施严格的监控管理；应使用专用设备和专用软件对控制设备进行更新；应保证控制设备在上线前经过安全性检测，确保控制设备固件中不存在恶意代码程序	同第三级安全要求

13.3 工业控制系统等级保护安全防护框架

我国对工业控制系统根据被保护对象业务性质分区，针对功能层次技术特点实施网络安全等级保护设计，工业控制系统等级保护安全技术设计框架如图 13.1 所示。工业控制系统等级保护安全技术设计构建了安全管理中心支持下的计算环境、区域边界、通信网络三重防御体系，采用分层、分区的架构，结合工业控制系统总线协议复杂多样、实时性要求强、节点计算资源有限、设备可靠性要求高、故障恢复时间短、安全机制不能影响实时性等特点进行设计，以实现可信、可控、可管的系统安全互联、区域边界安全防护和计算环境安全。

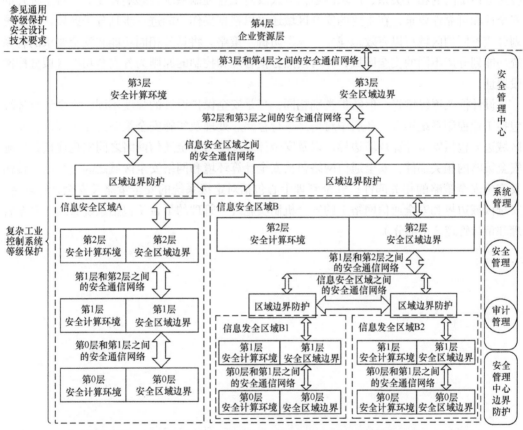

注意：（1）参照 IEC/TS 62443-1-1，工业控制系统等级保护安全技术设计框架按照功能层次划分为第0层：现场设备层；第1层：现场控制层；第2层：过程监控层；第3层：生产管理层；第4层：企业资源层。
（2）一个信息安全区域可以包括多个不同等级的子区域。
（3）纵向上分区以工业现场实际情况为准（图中分区为示例性分区），分区方式包括但不限于第0～2层组成一个安全区域、第0～1层组成一个安全区域等。

图 13.1　工业控制系统等级保护安全技术设计框架

工业控制系统分为 4 层，即第 0～3 层，属于工业控制系统等级保护范畴，为设计框架覆盖的区域。横向上对工业控制系统进行安全区域划分，根据工业控制系统中业务的重要性、实时性、关联性、对现场受控设备的影响程度、功能范围及资产属性等，其可被划分成不同的安全防护区域，系统都应置于相应的安全区域内，具体分区以工业现场实际情况为准（分区方式包括但不限于第 0 ~ 2 层组成一个安全区域、第 0 ~ 1 层组成一个安全区域、同层中有不同的安全区域等）。

分区原则依据业务系统或其功能模块的实施性、使用者、主要功能、设备使用场所、各业务系统间的相互关系、广域网通信方式及对工业控制系统的影响程度等。对于额外的安全性和可靠性要求，在主要的安全区域还可以根据操作功能进一步划分子区域，将系统划分成不同的区域可以有效地建立"纵深防御"策略。将具备相同功能和安全要求的各系统功能划分成不同的安全区域，并可按照方便管理和控制的原则为各安全功能区域分配网段地址。

设计框架逐级增强，但防护类别相同，只是安全保护设计的强度不同。安全计算环境包括工业控制系统第 2 ~ 3 层中对信息进行存储、处理及实施安全策略的相关部件；安全区域边界包括安全计算环境边界，以及安全计算环境与安全通信网络之间实现连接并实施安全策略的相关部件；安全通信网络包括安全计算环境和网络安全区域之间进行信息传输及实施安全策略的相关部件；安全管理中心包括对定级系统的安全策略及安全计算环境、安全区域边界和安全通信网络上的安全机制实施统一管理的平台（包括系统管理、安全管理和审计管理 3 个部分）。

后 记

以一个小故事为例，讲述网络安全的重要性。

一天，动物园的管理员突然发现袋鼠从围栏里跑出来了，经过分析，大家一致认为：袋鼠之所以能跑出来是因为围栏太低了，所以决定将围栏加高。没想到，第二天袋鼠还能跑出来，于是，围栏被继续加高。但是，使这些管理员们更震惊的是，无论围栏加高多少，袋鼠都会在第二天跑出来，领导们决定查个水落石出，于是安装了最先进的监控设备，并轮流值班，24小时守着这些白天看起来特别听话的袋鼠。终于，他们发现了问题所在，真正的"罪魁祸首"是管理员忘记锁上的门。

信息安全保障除故事中的围栏之外，还是那道千万别忘记关的门，实现信息安全，更要依靠那颗不会忘记关门的心——网络安全意识。

安全，不是一件产品，而是一个持续改进的过程！

参考文献

[1] 全国信息安全标准化委员会 . 信息安全技术 网络安全等级保护安全设计技术要求：GB/T 25070—2019[S]. 北京：国家标准化管理委员会 . 2019: P4-8.

[2] 全国信息安全标准化委员会 . 信息安全技术 网络安全等级保护实施指南：GB/T 25058—2019[S]. 北京：国家标准化管理委员会 . 2019: P4-15.

[3] 全国信息安全标准化委员会 . 信息安全技术 网络安全等级保护测评要求：GB/T 28448—2019[S]. 北京：国家标准化管理委员会 . 2019: P2-3.

[4] 全国信息安全标准化委员会 . 信息安全技术 网络安全等级保护基本要求：GB/T 22239—2019[S]. 北京：国家标准化管理委员会 . 2019: P4-63.

[5] 全国信息安全标准化委员会 . 信息安全技术 网络安全保护等级指南：GB/T 22240—2020 [S]. 北京：国家标准化管理委员会 . 2020: P2-8.

[6] 全国信息安全标准化委员会 . 信息安全技术网络安全等级保护测评过程指南：GB/T 28449—2018[S]. 北京：国家标准化管理委员会 . 2018: P1-15.

[7] 李劲，张再武，陈佳阳 . 网络安全等级保护 2.0 定级测评实施与运维 [M]. 北京：人民邮电出版社，2021.